大科学家讲科学

（插图版）

人类创造的
神奇
之光

周炳琨 主编　　姚敏言 著

格子工作室 绘

U0325523

CTS
PUBLISHING & MEDIA
中南出版传媒

湖南少年儿童出版社
HUNAN JUVENILE & CHILDREN'S PUBLISHING HOUSE
· 长沙

图书在版编目（CIP）数据

人类创造的神奇之光 / 周炳琨主编;姚敏言著;格子工作室绘. —长沙：湖南少年儿童出版社,2023.8

（大科学家讲科学:插图版）

ISBN 978-7-5562-7015-6

Ⅰ．①人… Ⅱ．①周… ②姚… ③格… Ⅲ．①激光技术－少儿读物 Ⅳ．① TN24-49

中国国家版本馆 CIP 数据核字（2023）第 053577 号

大科学家讲科学·人类创造的神奇之光
DAKEXUEJIA JIANG KEXUE · RENLEI CHUANGZAO DE SHENQI ZHI GUANG

出 版 人：刘星保	总 策 划：周 霞
策划编辑：钟小艳	责任编辑：钟小艳
封面设计：进 子	版式设计：进 子
质量总监：阳 梅	营销编辑：罗钢军

出版发行：湖南少年儿童出版社

地 址：湖南省长沙市晚报大道 89 号　　邮 编：410016

电 话：0731-82196320

常年法律顾问：湖南崇民律师事务所　　柳成柱律师

印 制：长沙新湘诚印刷有限公司

开 本：889 mm × 1194 mm 1/16　　印 张：9.75

版 次：2023 年 8 月第 1 版　　印 次：2023 年 8 月第 1 次印刷

书 号：ISBN 978-7-5562-7015-6

定 价：39.80 元

目 录
Contents

1

蓝光波长为473纳米

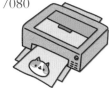

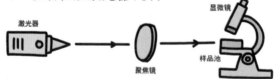

第1章
什么是激光

为人类造福的神奇之光——激光

激光对于 21 世纪的人们来说并不陌生，在生活中几乎随处可见，如：激光唱盘（CD）使你享受到音质淳美的音乐，激光影碟（VCD）使你在家里就可以看到你想看的电影，给人们带来高质量的视听享受。

激光美容、激光治疗近视眼不到一分钟，就能收到奇妙的效果。激光刀可以切除癌瘤、钻掉蛀牙。

节日的晚上可以看到激光焰火。激光歌舞晚会上，耀眼的激光使你如梦如幻。在某些公园里或庙会上，还有激光打靶可供你练练瞄准能力。

激光不仅能供人享乐，还是工作中的好帮手，如：

激光打印机可使你自己将文章变成精美的印刷文字；

激光照排代替了传统的麻

烦的活字排版；激光条形

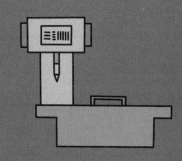

码识别已普遍用于超市；激光还可以切割钢板，

焊接钢板，裁剪衣服，在金刚石和宝石上打孔。

激光武器可烧毁敌方坦克，打瞎敌人"眼睛"，

可使导弹和炮弹更加准确地命中目标。激光通信在军事上可更加隐蔽。

以激光作载体的光纤通信更是现代化信息高速公路不可缺少的工具，它

使广播、电视、可视电话、计算机等联网，使大量多路的信息快速传播到全

球各地。

激光还可以监测大气污染，监测人造卫星轨迹，与卫星取得

联系，在海底寻找石油。

利用激光还可以引发核聚变，分离同位素，探索分子和原子

内部的奥秘……

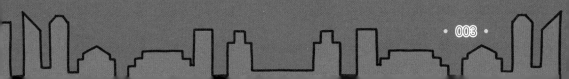

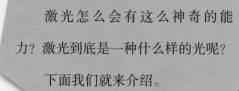

激光怎么会有这么神奇的能力？激光到底是一种什么样的光呢？下面我们就来介绍。

二

颜色极纯的光——激光的高单色性

当你走进大自然，欣赏那湖光山色时，你会被那蓝天碧水白云，被那满山遍野的绿树和五颜六色的花草所陶醉，是什么使大自然如此绚丽多姿？你会说是太阳光！是的，是太阳的七色光：红、橙、黄、绿、蓝、靛、紫，把大地装点得这样美丽！

如果我们用分光镜看一看，就会发现，太阳光原来是一条绚丽的彩带[见下页图（a）]，它的颜色远不止 7 种。因为在它的各色光带中，

还包含着多种色彩。如红色光带，就呈现深红、赤红、大红等多种色泽。因此，用肉眼看单一颜色的光，我们说它颜色纯，而实际上它的颜色并不纯。又如霓虹灯发出的光，看起来够纯的了，可用分光镜一看，它还是包含了许多颜色，如下图（b）所示。图中那一条条不同颜色的线，我们管它们叫谱线。而激光就不同了，像氦－氖激光，它只有一条谱线［见下图（c）］，可见，激光是单一颜色的光。

用科学的名词表述颜色的单纯就叫单色性。从科学的意义上讲，颜色的纯与

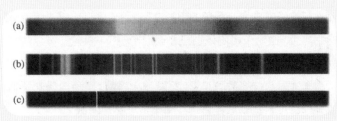

连续光谱与线状光谱

不纯，即单色性好与不好，不仅表现在谱线的多少上，更表现在谱线的宽窄上。单色性越好的光谱线越窄。

光的单色性通常是用谱线的宽度 $\Delta\lambda$ 与波长 λ 的比来表示的，就是 $\Delta\lambda/\lambda$，也可以用频率来表示：$\Delta\nu/\nu$（ν 表示频率）。频率与波长的乘积 $\lambda\nu=c$，c 就是光的速度（$c= 3\times 10^8$ 米／秒）。显然，谱线越窄单色性越好，如：波长为 400 纳米的紫光，谱宽 $\Delta\lambda$=0.01 纳米，其单色性就是 2.5×10^{-5}。

在激光出现以前，单色性最好的普通光源是用氪同位素 ^{86}Kr 制造的氪灯，其单色性是 10^{-6}，而最常用的氦－氖激光的单色性可达到 10^{-12}，比最好的普通光源高出一百万倍！

> 好的单色性使激光还具有另一个大大超过普通光源的特性，这就是下面要讲的光的相干性。

步调一致

步调杂乱

步调一致的光——激光的高相干性

解放军操练时，要求队列整齐，步调一致，这样就可以看到行是行，列是列，非常整齐。而一群熙熙攘攘的老百姓，走起来杂乱无章，就分不出行和列来。光也一样，若两列光步调不一致（即频率和相位均不同），它们叠加起来就是一条很杂乱的曲线，如下图（a）所示。而步调一致（即频率和相位都相同）的光叠加起来就是一条很整齐的曲线，振幅也得到加强，如右图（b）所示。

(a) 步调杂乱   (b) 步调一致

不相干叠加   相干叠加

不相干光波   相干光波

不相干光波与相干光波的叠加

用一种叫作迈克尔逊干涉仪的仪器［见右图（b）］，可以看到像右图中那种光的相干叠加，它们呈现圆形或直条纹［见右图（a）］。这里光是怎样叠加的呢？我们来看迈克尔逊干涉仪，由光源发出的光，经分束器将光分成两路，一路到达

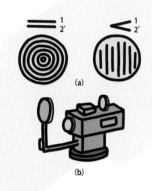

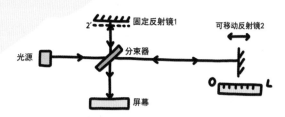

迈克尔逊干涉仪测量光的相干性及干涉条纹

固定反射镜 1，经镜 1 反射后，回到分束器，再透过分束器到达屏幕。另一路光直接透过分束器，到达可移动反射镜 2，经镜 2 反射后，回到分束器，再由分束器反射，也到达屏幕。两束光在屏幕上叠加，就得到如上图（a）所示的干涉条纹。但必须仔细地调整反射镜 2，使它被分束器反射的虚像 2′ 与反射镜 1 严格平行（并垂直于光束），才能产生圆条纹，如果反射

镜 2 的虚像 2′ 与反射镜 1 有一很小的倾角就会产生直条纹。

单色性越好的光，干涉条纹越清晰，单色性越差的光，干涉条纹越模糊，非单色光则很难看到干涉条纹。

如果我们平行地前后移动反射镜 2，干涉条纹就会变化，每移动单色光的半个波长，圆条纹的中心就会由亮变暗一次，直条纹也会移动一个条纹。因而可以用干涉条纹的变化来测量反射镜 2 移动的距离。这就是干涉测长的原理。

用这种干涉测长的方法，可以测量的最大距离 ΔL 称为光源的相干长度，它与光源的单色性 $\Delta \nu$（或 $\Delta \lambda$）有直接的关系：$\Delta L = c/\Delta \nu$（或 $\Delta L = \lambda^2 / \Delta \lambda$）。由此可见，光源的单色性越好，其相干长度也越长，也就是说光源的相干性越好。

普通光源的相干长度仅有几厘米，而激光的相干长度很容易达到 100 米甚至更长。

实际上，目前国际上最窄的激光谱线频宽已可做到几个赫兹，相干长度可达 10^5 千米。可见激光的相干性有多么好！

能射到月球上的光——激光的高方向性

普通电灯发出的光，都是射向四面八方的，人们为使其集中射向一个方向，常常在灯泡后面加一个球面或抛物面反射镜，将射向其他方向的光都反射到前面去，以加强前方的照度。如常见的手电筒及探照灯，还有台灯，台灯灯罩就起到聚光作

用。但是最好的探照灯其照射距离也不过800～1000米，更不用说手电筒了。而激光不仅能照射到几千米之外，甚至可以照射到月球上去。

普通光为何照不远呢？一方面是光源

本身的强度不够，另一方面是光的发散角太大，或者说随着照射距离的增加发散得太快。这样的光束，方向性当然是不好的。

定量地表达方向性好坏的量，常用光束发散角 2θ（见下图）。一个发散角 $2\theta=1°$ 的光，从光源射到 1 千米远处，就会发散成直径为 17.5 米大小的光斑。如果一个直径为 1 米的探照灯，假设其功率是 2000 瓦，探照灯表面上的光强，就是 2546 瓦 / 米^2，射到 1 千米远的地方（如果不计路程损耗），光强就只剩下 2 瓦 / 米^2 了。就像用手电筒垂直照射平地，电筒离地面越近，光环越小，光线越强；当我们拉大手电筒和地面的距离，光环越来越大，而光线越来越暗。实际上，一般探照灯的发散角是很难达到 1° 那么小的。

而激光的光束发散角则很容易达到几个毫弧度，如果再用光学系统进一步压缩，激光的发散角可以达到零点几毫弧度甚至零点零几毫弧度。

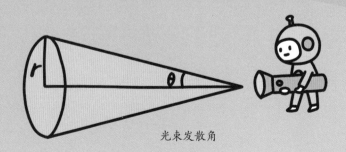

光束发散角

再加上激光的高强度，难怪能射到月球上！激光光束不仅能射到月球上，而且还能利用从月球反射回来的光测量月球至地球的距离。早在1965年，苏联的科学家就用激光测量了月球到地球的距离，由于月球表面凹凸不平，测量精度只能达到200米。后来，在1969年，美国阿波罗（Apollo）号登月宇宙飞船上的宇航员，将一个后向反射器放到了月球上（见下图），美国的科学家利用这个后向反射器，再次测量月亮至地球的距离，就能精确到1米了。

放在月球表面上的后向反射器

星球大战中的死光——激光的高强度和高亮度

在古老的故事中，就有人设想过用光束来烧毁一切。中世纪的阿基米德曾想用镜子反射太阳光火烧敌人的舰船；我国的科幻小说《珊瑚岛上的死光》也叙述了一位在珊瑚岛上搞科学研究的华侨科学家，利用高能电池驱动的强激光击毁一艘企图逃跑的军舰的故事，因为操纵这艘军舰的是一伙攫取了他的发明成果，又要将他与他的朋友连同珊瑚岛一起炸毁的战争狂人。但那都是科学幻想，只有激光器问世并飞速发展之后，这些科学幻想才有可能变为现实。

在自然界中最强的光要数太阳光了，即使是在日食的时候，也不能用肉眼直接去看太阳，因为它太亮了，会损害眼睛。而一台普通的红宝石激光器发出的激光亮度，可以比太阳亮度高 8 个数量级（即太阳亮度的 10^8 倍）。因此，无论什么激光器，都不能正对激光发射方向去看它。

在使用强激光器时，还需戴上安全防护眼镜。

对于像普通电灯那样连续发光的激光器，其输出光的强弱通常可以是几毫瓦、几百毫瓦、几瓦或几十瓦。目前很高强度的激光器可以产生几千瓦甚至几万瓦的功率。

而像闪光灯那样一闪一闪地发出一个个脉冲的激光器，其强弱通常用一个脉冲所包含的能量来表示，可以是几毫焦耳、几焦耳、几十焦耳。目前高能量的脉冲激光器可输出达到几千焦耳、几万焦耳甚至几十万焦耳的能量。

还不仅如此，激光的高强度与高亮度还可以用光学和电子学的技术，在空间上和时间上进一步压缩，使其更具威力。

激光在空间上的压缩，可以用凸透镜聚焦，将激光束照射面积缩小。由于激光有好的单色性、方向性及空间场分布（又称模式），因而能比普通光聚得更小（见下页图）。也就是说激光经过空间上的压缩，可以获得更高的功率密度。比如，太阳光会聚以后，很难达到小于 1 毫米的直径，最大可能达到的功率密度大约是 140 瓦／厘米^2。而激光不仅可以

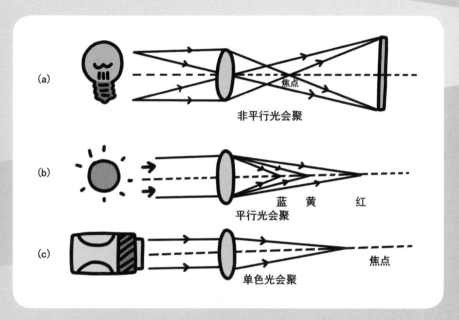

(a) 非平行光会聚

(b) 蓝 黄 红
平行光会聚

(c) 焦点
单色光会聚

各种光的聚焦

会聚到小于 1 毫米，甚至可以会聚到小至 1 微米，其功率密度可以达到 $10^9 \sim 10^{13}$ 瓦 / 厘米 ^{2}。

　　激光在时间上的压缩，不仅要用光学技术，还要利用电子技术，且大多用于脉冲激光器。一个简单的脉冲激光器，其输出脉冲的持续时间或脉冲宽度，大约是毫秒到微秒的数量级，即 $10^{-3} \sim 10^{-6}$ 秒。用一种叫作调 Q（或 Q 开关）的技术，可以将脉宽压缩到纳秒（ns），即 10^{-9} 秒。

而用一种叫作锁模的技术，又可以将脉宽压缩到皮秒（ps），即 10^{-12} 秒。利用更先进的超短脉冲技术，可获得飞秒（fs），即 10^{-15} 秒的光脉冲。

脉冲每压缩一个数量级，就意味着脉冲功率将提高一个数量级。但在使用各种压缩技术时，总会损失一些能量，因此，到了飞秒脉冲，能量就很小了。但我们可以通过光放大技术来提高能量，以达到更高的功率密度。

设想一个在时间和空间上都得到压缩的激光，同时又具有很高的能量，它的威力会有多大！其功率密度可以比会聚的太阳光还要高出几十亿倍。难怪它能轻而易举地切割钢板、钻石等坚硬物质，能摧毁飞机、坦克，而且有可能引发核聚变！

这么厉害的激光是怎么产生的呢？又怎么会有这么多独特的性质呢？请往下看。

第2章

激光为什么会有这么多独特的性质

什么样的物质能产生激光

　　什么样的物质能产生激光呢？能产生激光的物质很多。固态物质有红宝石、石榴石以及各种掺入不同激活离子的材料——又称为基质——如掺钕离子的多种晶体材料或玻璃等。气态物质有氦、氖、氩、氮等。还有卤族元素和惰性气体，如氟化氙、氟化氪、氯化氙等。此外一些液体物质也可以产生激光，将粉末状的染料溶于有机溶剂（如乙醇）中，就可用来制造液态激光器。那么这些物质是怎样产生激光的呢？我们还得先从激光的发光原理来看。

　　在激光出现以前，所有的发光体如太阳、火、电灯、蜡烛等，发光机理都是物质中原子、分子系统的自发辐射跃迁发光，而激光是物质中原子、分子系统的受激辐射发光。那什么是自发辐射跃迁发光和受激辐射发光呢？这还要从原子分子的能级讲起。

　　大家知道，原子、分子（今后我们统称为粒子）内部的电子都是在一定的轨道上运动的，对应分立的能级。一般情况下粒子中的电子都在最靠近核的轨道上运动，我们称这种粒子处于基态能级（或简称基态）。若电子从外界获得能量，跳到远离原子核的轨道上运动时，我们就称这种粒子处于高能级（或称高能态）。电子从一个能级跳到另一个能级叫跃迁。

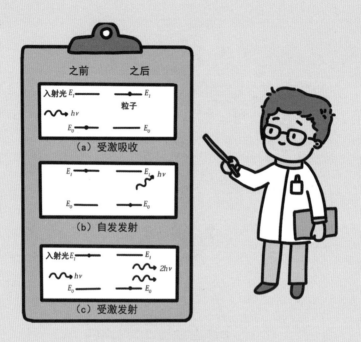

受激吸收、自发发射和受激发射

上图画出了一个粒子系统的一对能级 E_1 和 E_0，以及它们与一个外来光子相互作用的三种情形。上图（a）是当有一个外来入射光的光子其能量为 $h\nu = E_1 - E_0$ 时（其中 $h = 6.626 \times 10^{-34}$ 焦·秒，称为普朗克常量，ν 为光的频率），粒子就会吸收这一光子而从基态 E_0 跃迁到高能态 E_1 上，即受激吸收。

粒子处在高能态 E_1 时，一般不能停留很久，其很快就会自发地落到低

能态 E_0 上，如上页图（b）。粒子从高能态 E_1 自发地向低能态跃迁，同时辐射一个能量为 $h\nu = E_1 - E_0$ 的光子，就叫作自发辐射跃迁发光或自发发射。

但在某些物质中，粒子具有一些特殊的能级，粒子跳到这些能级，其停留时间（又称能级寿命）可以较长。故这种能态称为亚稳态。比如，粒子在一般的高能态只能停留 10^{-8} 秒，而在这种亚稳态上，能停留 $10^{-5} \sim 10^{-3}$ 秒，其能级寿命长了 $10^3 \sim 10^5$ 倍。

当粒子处在这种亚稳态时，若有一个外来光子其频率正好符合 $h\nu = E_1 - E_0$，那么这个粒子就会受到这个光子的刺激，而跃迁回低能态 E_0，同时辐射出一个与入射光子一模一样的光子 $h\nu$，即发出两个光子，如上页图（c），这就是受激辐射跃迁发光或称受激发射。

因此一般来说，能产生激光的工作物质，其中必具有一较长寿命的能态——亚稳态。实际上，不是亚稳态也可以产生受激发射，只是它的效果不显著，不易产生激光。

光可以被放大吗——粒子的布居数反转

有了具有亚稳态的激光工作物质，只是具备了产生激光的条件，要能够产生激光还必须有粒子的分布数（或称布居数）的反转。

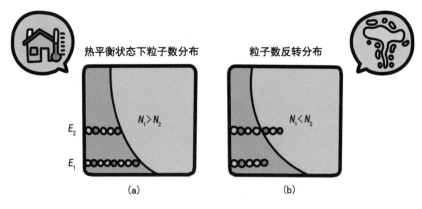

热平衡状态下粒子数分布　　　　粒子数反转分布

E_2　$N_1 > N_2$　　　　$N_1 < N_2$

E_1

　　　　(a)　　　　　　　　　(b)

能级上的粒子数分布

当物质处在常温时，物质粒子数的分布呈热平衡分布，即玻尔兹曼分布［见上图（a）］。具体地说，常温下大多数粒子处于基态，虽然当温度升高时，有许多粒子跳到上一能级，但上一能级的粒子数总是少于基态能级的粒子数，即 $N_2 < N_1$，其中 N_1 为基态能级 E_1 的粒子数，N_2 是上一能级 E_2 的粒子数。

但是，当物质处在亚稳态，又能在短时间内（如小于能级寿命 10^{-5} 秒内）获得足够的能量时，粒子系统低能级上的粒子大多数都跃迁到高能级，即在 10^{-5} 秒之内，高能级上的粒子数 N_2 就会多于基态能级的粒子数 N_1，即 $N_2 > N_1$［见上页图（b）］。这种粒子分布状态是一种短暂的非热平衡状态，也称粒子分布数（布居数）反转状态。

而粒子系统处于布居数反转状态时，如果有一外来光子，其频率恰好符合 $h\nu = E_2 - E_1$，就出现了第 020 页图（c）中的受激辐射光放大。即吸收一个光子，发出两个光子，也叫受激发射。可见，要维持粒子系统布居数反转状态，就得给粒子系统足够的能量，不断地把低能态的粒子抽运到高能态。这个过程很像用水泵将河水抽到高山上一样，我们管它叫泵浦过程。能量的来源叫泵浦源。能量越大，即泵浦源越强，那么受激辐射的粒子越多，发射的光也就越强。

但是，外来光总是无规律地从四面八方射来，怎样才能使它成为方向高度一致的激光呢？这就要借助于下面讲的光学谐振腔了。

共振增强——激光谐振腔的作用

有了激光工作物质，又有了泵浦源将低能态粒子抽运到高能态，造成粒子布居数反转，还不能形成高度方向性的激光。它还需要一个谐振腔使其共振增强，才能产生激光。

起初，人们希望加长激光工作物质，使光在其中与粒子的相互作用次数增多，而形成雪崩式的光放大。但这种方法收效甚微。后来，人们从传统的光学仪器法布里－白洛（F-P）干涉仪得到启发。采用一对镀有

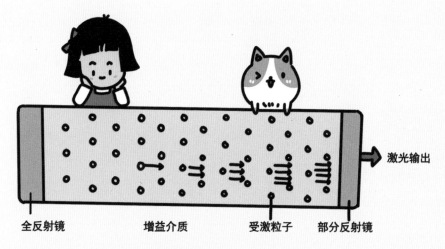

全反射镜　　　　增益介质　　　受激粒子　　部分反射镜

由平行平面镜组成的激光谐振腔与激光形成

激光输出

反射膜的平面镜，构成一个光学共振腔（又称谐振腔），将激光工作物质放在其中。由于两个反射面严格平行，平行轴线的光在其间能来回反射多次并且不发生偏离，从而可多次被放大形成激光，而那些最初已偏离轴线的入射光很快便自行消失了。如上图。

图中两反射镜间的增益介质，即激光工作物质，小黑圆点代表受激的粒子，也就是处于高能态的粒子。当光在两个镜面间来回反射（即沿垂直于两镜面的轴线运动）时，经过受激粒子，就会产生受激辐射光放大。

由于光速是极快的（3.0×10^5 千米/秒），在一个不到 1 米的谐振腔中

往返3300多次还不到1微秒的时间。因此，只要最初有一很微弱的频率为ν的光，在谐振腔中的增益介质内往返，在不到1微秒的时间内就可以获得雪崩式的放大。

为了将放大的激光引出来，F-P谐振腔的两个反射镜中，还需有一面镜子是部分反射的，使经过多次往返放大的受激辐射光每次从这一端面输出一部分，而形成激光。

总之，一般来说，要产生激光，必不可少的条件是：

（1）要有含亚稳态能级的工作物质。

（2）要有强大的合适的泵浦，使介质中粒子被抽运到亚稳态，并实现亚稳态上的粒子布居数的反转，以产生受激辐射光放大。

（3）要有光学谐振腔，使光往返反馈并获得增强，从而输出高定向、高强度的激光。

由于受激辐射光子与入射光子具有同频率、同相位、同方向的特点，故激光从它一产生，就具有高度单色性、高度相干性与高度方向性的特点。

第3章
庞大的激光器家族

激光器的分类

目前，世界上的激光器有成千上万种，真可谓是庞大的激光器家族！要将它们分门别类，可不那么容易。实际上，激光器的分类是多种多样的。

比如，按产生激光的工作物质分，可分为固体激光器、液体激光器、半导体激光器、气体激光器、等离子体激光器、自由电子激光器等。

按泵浦源激励方式分，则有光泵浦激励（包括闪光灯泵浦、日光泵浦、激光泵浦等）、电激励（包括气体放电激励、注入电流

由重复频率（100赫兹）脉冲激光器输出的脉冲串的聚焦（最右方的点为激光聚焦击穿空气发出的火花）

激励等）、热激励、化学激励、气体动力学激励、核激励等。

按工作方式分，可分为连续运转激光器、单脉冲工作的激光器、一次可发出两个脉冲（间隔仅几百微秒）的双脉冲激光器，还有高重复频率激光器。上页图就是用高速摄影机拍出的重复频率脉冲激光器输出的脉冲串及其汇聚时击穿空气的火花。

按输出波长分，又有亚毫米波激光器、远红外激光器、红外激光器、可见光激光器、紫外激光器、真空紫外激光器、X 射线激光器、γ 射线激光器等。

按输出频率特性分，有稳频激光器、双频激光器、白光激光器（可同时输出红、绿、蓝三种或多种波长的激光混合成白光）、可调谐激光器、倍频激光器、和频激光器、差频激光器、光学参量振荡激光器、喇曼移频激光器等。还有输出不同场分布的单横模激光器、单纵模激光器和多模激光器。

从共振腔结构来分，可分为内腔式激光器、外腔式激光器、半内腔式激光器、非稳腔激光器、环形腔激光器、波导腔激光器、分布反馈激

光器等。

此外还有色心激光器、薄膜激光器、自电离激光器等。

上述多种多样的分类，从各个方面反映了激光器的特性。比如，一个激光器的硬件包含了工作物质、泵浦源与激励方式、谐振腔型等，其软件包括输出波长、输出频率特性、输出模式、工作方式等。因此，一个激光器究竟归到哪一类，主要取决于激光工作物质、输出特性及应用要求。如：一个固体激光器可以是连续工作的，也可以是脉冲工作的；可以是单模的，也可以是多模的……

下面我们介绍几种典型且常用的激光器类型及两种特殊的激光器。

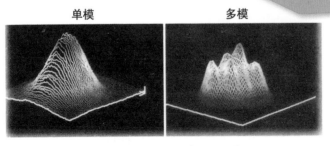

激光输出的空间分布——模式

用强光泵浦的激光器（Ⅰ）——固体激光器

固体激光器是以固体物质（如各种激光晶体和玻璃等）作为增益介质的，这种激光器的结构如下图所示，都是用强光泵浦的，大多数以闪光灯作为泵浦源，也可以用太阳光泵浦。近年来随着半导体二极管激光器的发展，许多固体激光器也常用半导体激光器来泵浦。

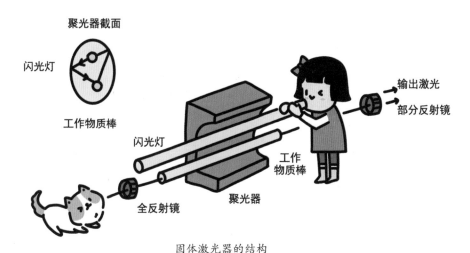

固体激光器的结构

　　固体激光工作物质，通常都做成圆柱形的棒状或方形截面的棒状。
作为谐振腔的镀膜反射镜一般为圆片状。在激光装置中还有一个不可缺
少的东西是聚光腔，为充分利用泵浦光，将它的内表面抛光并做成椭圆
柱形（见上页图左上角），将灯和棒分别放在椭圆的两个焦点上。这样
从一个焦点发出的光不论什么方向，经椭圆面反射总会到达另一个焦点，
泵浦光就可以被棒充分吸收，并尽可能多地将基态粒子抽运到高能态。

　　谐振腔反射镜一个是对该激光波长百分之百反射的，另一个是部分
反射的，其反射率要根据增益介质与谐振腔的损耗等来决定。

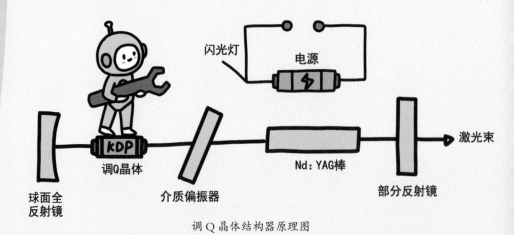

调 Q 晶体结构器原理图

在谐振腔内加一个介质偏振器和一块调 Q 晶体（电光或声光晶体或可饱和吸收体），就可以输出巨脉冲激光（见上页图）。

固体激光器输出光的波长是由工作物质中的激活元素决定的。比如红宝石，它的化学成分是掺有铬离子（Cr^{3+}）的三氧化二铝（Al_2O_3）单轴晶体。用脉冲闪光灯泵浦，输出波长是深红颜色 6943 埃的光。这种激光是由铬离子的能级跃迁而受激发射的，因此铬又称为激活元素。

目前，最常用、数量最多、技术也最成熟的材料是以钕（Nd）为激活元素的掺钕钇铝石榴石（又简写作 Nd:YAG）。它可以用连续氪灯，也可用脉冲氙闪光灯来泵浦。它的输出波长是眼睛看不见的 1064 纳米（1.064 微米）的近红外光。

用连续灯泵浦，输出的就是连续光。而用脉冲灯泵浦，输出的就是一闪一闪的脉冲光。可以在 1 秒内闪好多次，就是重复频率脉冲激光，如第 28 页图。重复频率有许多种，从几分钟一次（手动），到每秒一次或每秒几十次甚至几千次（自动）都可以。但太高的重复频率，泵浦灯就需用流动的水来冷却，以带走多余的热量。

钕离子不仅可以掺在 YAG 中，还可以掺在多种晶体材料或玻璃中。这些可以掺入不同激活离子的材料又称为基质。作为基质材料，除了钇铝石榴石外，还有磷酸盐或硅酸盐玻璃，掺钕离子后，输出波长也稍有不同，前者为 1.054 微米，后者为 1.061 微米；还有氟化钇锂（YLF）、钒酸钇（YVO）、铝酸钇（YAO）及硼酸铝钇钕（NYAB）等，掺入钕后就写作 Nd:YLF、Nd:YVO、Nd:YAO 等。发射波长均在 1.047 ~ 1.064 微米之间，因不同基质而异。一般用于激光加工，如切割、打孔、焊接等。如果在这些基质中掺以其他的稀土元素，如掺铒（Er）、掺钬（Ho）、掺铥（Tm），它们输出的波长就要更长一些，为 1.54 ~ 2.94 微米。这些波长大多用于医学和通信方面。

一般来说，上述这些激光器，每个只能发出一种波长的光，但还可以用非线性晶体将它们的光变频。比如二倍频，就可把输出波长缩短一半，Nd：YAG 输出波长是 1.064 微米，它的二倍频光就是 0.532 微米（532 纳米）的绿光（见下页图）。它的三倍频光是 355 纳米的近紫外光，四倍频光和五倍频光分别是 266 纳米和 213 纳米的远紫外光，已接近真

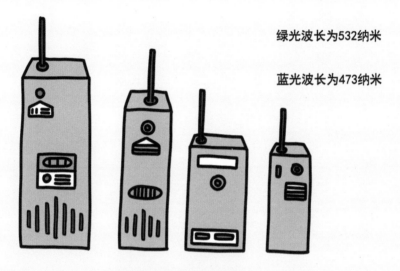

绿光波长为532纳米

蓝光波长为473纳米

各种中等功率的固体激光器

空紫外。

尽管输出为单一波长的固体激光器可以通过倍频变成不同波长的光，但输出光也只能是在几个分立的波长上。在有些应用中，如用激光去打断某个分子键，就需要针对这个分子键能量的光子hv，也就是说最好需要什么波长，就输出什么波长。为此，近年来又研制出了输出波长在某一范围内可调谐的激光器，如掺钛（Ti）蓝宝石激光器。它的输出波长可以从0.6微米调到1.1微米。在将近500纳米的范围内，你想要哪种波长就可获得哪种波长。当你转动调谐旋钮时，你可以看到输出的光从红变

到深红再到看不见的近红外光。在转到你需要的波长时停住，就可得到你所要的激光。

在这一类可调谐的固体激光器中，还有掺 Cr^{3+} 的紫翠玉宝石激光器，输出波长为 700 ~ 800 纳米，掺 Cr^{3+} 的氟化锌钾激光器，输出波长为 780 ~ 850 纳米，掺钕和铬的钇钪镓石榴石激光器，输出波长为 745 ~ 835 纳米等。最新发展的一组掺铬氟化物激光器以掺铬氟化铝锶锂（Cr:LiSAF）为代表，输出波长为 670 纳米，利用上转换变频加上输出镜的选择可得到 400 ~ 450 纳米波长输出，功率可达几十毫瓦，有希望代替庞大的蓝紫光气体激光器。

近年来，以光纤作为激光介质的光纤激光器，也有很大的发展。在石英或玻璃光纤中掺入稀土离子，用半导体二极管或其他固体激光器作泵浦源，也可产生可调谐激光。用掺铒光纤做成的光纤放大器，是光纤通信中不可缺少的部分。

固体激光器常用于产生强激光，连续输出可达几千瓦。脉冲输出可达几千焦耳、几万焦耳。这样强的光单用一个振荡器是很难达到的，必须加多级放大才行（见下图）。上面的图是棒状激光放大器，下面的图是片状激光放大器。它们都可将由振荡器发射出来的光进行放大。片状放大器的散热性能比棒状放大器好，故要放大很高的能量时常用片状放大器。

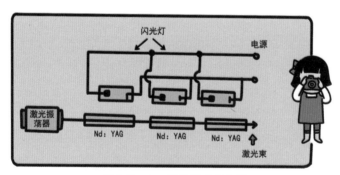

固体钕 YAG 棒状激光放大器

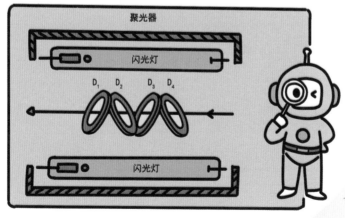

固体钕玻璃片状激光放大器

三

用强光泵浦的激光器（Ⅱ）——液体染料激光器

　　液体激光器主要是染料激光器。染料大多为粉末状，要溶于有机溶剂（如乙醇等）中，方可产生激光，它可以用闪光灯泵浦，也可以用激光来泵浦。

　　如果用闪光灯泵浦，其结构就同固体激光器一样，只是用圆柱形盛有染料的液池代替固体激光棒即可。

　　用激光泵浦的染料激光器，常用气体氩离子激光器的 488 纳米和 514.5 纳米激光、氮分子激光器的 337 纳米激光，以及固体 Nd:YAG 激光的二倍频 530 纳

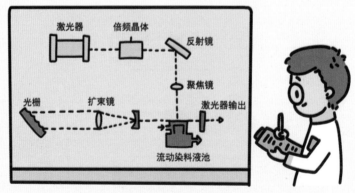

掺钕氟化钇锂二倍频泵浦的染料激光器

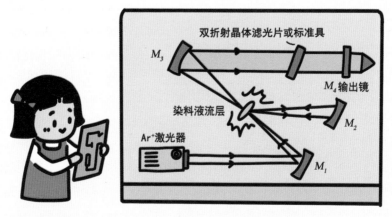

双折射晶体滤光片或标准具

M_3

M_4 输出镜

染料液流层

M_2

Ar⁺激光器

M_1

氩激光泵浦的喷流染料激光器

米绿光作为泵浦源。染料激光器常用可流动的染料液池（见上页图）或干脆不用液池，将染料直接用喷嘴喷出，形成一个液体流层，泵浦光直接聚焦到染料液层上。染料被泵浦后，产生的受激辐射经共振腔振荡形成激光输出（见上图）。

染料激光的输出可以在很宽的波长范围内调谐，转动上页图中的光栅或上图中的双折射晶体滤光片，调谐范围可从几十纳米到几百纳米。不同的染料有不同的波长调谐范围，更换多种染料可使调谐范围扩大到覆盖整个可见光区，甚至可延伸到红外光和紫外光，得到调谐范围内任意波长的输出光。

染料激光的另一特点是谱线很窄，即单色性非常好，适于光化学与光谱学方面的许多应用。

用放电激励作泵浦的激光器——气体激光器

晚上，当你走在大城市的马路上，你会因为那五颜六色变换着各种图形的彩色霓虹灯而感受到城市的魅力。你知道吗？这些霓虹灯都是通过气体放电发光的。在长长的灯管两端加上高电压，管中的气体就会电离，产生辉光放电而发光。

气体激光器也是用类似的方法激励的，在充有气体的激光管两端加两个电极，阳极做成针状，阴极做成筒状，如下页图中的几种中小功率

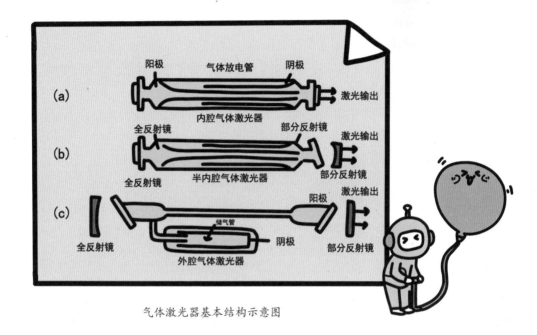

气体激光器基本结构示意图

气体激光器。

气体激光，有的是由原子发出的，有的是由分子发出的，有的是由离子发出的，还有的是由准分子发出的。因而又分为：原子激光器、分子激光器、离子激光器、准分子激光器等。

原子激光器以氦－氖激光器为代表（见下页图），其发射波长，除了早期已有的波长分别为633纳米（红）、1.15微米（红外）、3.39微米（红外）的三种激光外，近年来又研制出波长分别为 730 纳米（深红）、612 纳米

氦－氖激光器外形图

（橙）、594 纳米（黄）及 544 纳米（绿）等多种波长谱线的激光。这种激光器大都是连续工作方式，输出功率在 100 毫瓦以下，多用于检测和干涉计量等方面。

离子激光器以氩离子（Ar^+）激光器为代表，主要发射蓝（488 纳米）、绿（514.5 纳米）光，近年来也研制出更多波长的激光。其他还有氪离子（Kr^+）激光器（主要发射 647.1 纳米红光）、氙离子（Xe^+）激光器等。近年来，还研制出氩－氪离子白光激光器，可同时输出红（647 纳米、676 纳米）、绿（488 纳米、514 纳米）、蓝（458 纳米、466 纳米、477 纳米）等多条谱线，并可用电脑控制输出各种颜色激光强度的比例，使之适合人眼对不同波长光的灵敏度（见右图）。

这类激光器可以发射较强

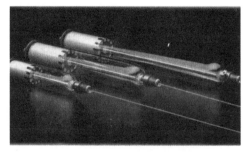

几种气体激光器外形图

的连续功率激光，功率可达几十瓦，是可见光中的重要激光器件，多用于扫描、医学及全息学等方面。

分子激光器以二氧化碳（CO_2）激光器为代表，主要发射 10.6 微米中红外波长激光，还有一氧化碳（CO）分子激光器（波长为 5 微米）和氮（N_2）纳米分子激光器（波长为 337 纳米）等。这类激光器可以发出很高功率的连续光，也可以脉冲式高重复率工作，重复率可达 1 千赫以上。因红外激光的热效应高，故多作激光刀，用在医疗、机械加工等方面，也用于测距和通信等方面。

大功率的二氧化碳激光器其结构与第 041 页图所示结构有所不同，多用横向激励（见下页图）和电子束预电离等结构。

准分子激光器是气体激光器家族中的另一重要分支，它们的发光原理与前面所说的激光器有所不同，它们不是由于稳定的分子内固有的能级跃迁发光，而是当两种元素的原子被高能量的电脉冲激励时，两种元素在瞬态结合成的准分子的能级间跃迁产生的受激发光。发光之后，分子很快又恢复原来的状态，分解为原子，因此叫作准分子。这种准分子

多由卤族元素和惰性气体形成。其特点是发光都在紫外波段，常用的有氟化氙（XeF）激光，波长为 350 纳米；氯化氙（XeCl）激光，波长为 308 纳米；氟化氪（KrF）激光，波长为 248 纳米；氯化氪（KrCl）激光，波长为 222 纳米；氟化氩（ArF）激光，波长为 193 纳米等。

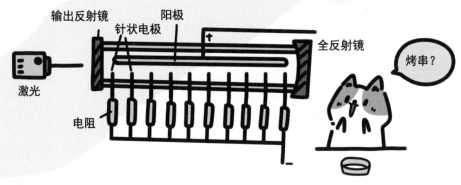

横向激励气体激光器基本结构示意图

这种激光器多采用上图那样的横向激励结构。用同一激光器，只要更换气体就可以得到所需波长。工作方式为脉冲激励，重复频率可为几次到几百次，是较为耐用的一种激光器，平均功率可以达到瓦的量级。单脉冲能量可达几十焦耳。多用于微细加工、光刻及医学等。

除了上述常用的气体激光器外，还有金属蒸气（如金蒸气、铜蒸气等）激光器，均发射可见光。其中较常用的是氦－镉激光器，可发射波长为441.6 纳米的蓝紫光，以及波长为 534 纳米和 538 纳米的绿光与波长为636 纳米和 635.5 纳米的红光。这几种光同时发射也是一种白光激光器，可作为制作白光全息的光源。这种激光器还可发射 325 纳米的紫外光。

气体激光器种类很多，发展也很快，这里列举的也只能是一些常用的和商品化了的典型激光器件。

五

比小米粒还小的激光器——半导体激光器

半导体激光器又叫二极管激光器，它是由半导体材料做成的。半导

电视机

收音机

体晶体管是大家所熟悉的。在集成电路出现以前，收音机、电视机大多是由它制造的。激光器一出现，人们就想到用半导体来制造激光器。经过几年的努力，于1962年就制成了砷化镓（GaAs）p-n型半导体激光器。

以后，这种激光器发展很快，现在已有镓铝砷（GaAlAs）、磷铟镓铝（AlGa/InP）等三元系和四元系的许多新器件。随着光通信事业的发展，波长为1.3微米和1.55微米的半导体激光器，以及作为光纤放大器泵浦源的波长为0.98微米和1.48微米的半导体激光器，均日趋完善。此外波长为 1.66 ~ 1.68 微米甚至更长波长的半导体激光器都可买到。随着光盘及光指示器等的发展，短波长红光（0.65 微米）甚至绿光的半导体激光器均已研制出来。

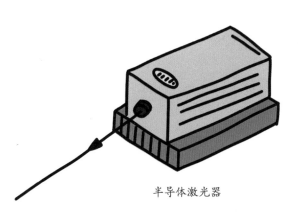

半导体激光器

上图所示是一个可发出红光的半导体激光器。中间的发光层是 AlGa-InP 材料的激活介质，上下各有一个 p 型和 n 型半导体层，当电流通过上下接触电极流过激活层时，这小小的器件就会沿图中箭头方向发出激光。整个器件只有 50 微米 × 150 微米 × 250 微米大，就是最长的边也只有 0.25 毫米，比普通的小米粒（直径为 1.5 ~ 2 毫米）还小。当然，还要加上管壳包装，成品就和晶体管大小差不多了（见下页图）。

除此之外，还有外腔半导体激光器和分布反馈（DFB）半导体激光器，它们的主要特点都是输出光的谱线很窄，且频率很稳定。

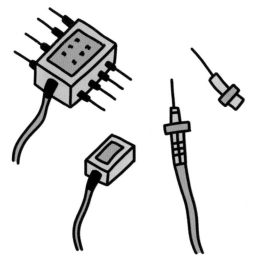

半导体激光器外形图

半导体激光器可以通过改变注入电流或温度，来调谐输出波长，虽然这种调谐范围比较小，只有几个纳米，但对有些应用来说还是很有用、很方便的。

半导体激光器在光通信、光盘、激光打印、光计算、微量气体探测等方面均有很多应用。

值得一提的是，半导体激光器在所有激光器中是转换效率很高的一种，一般单管输出可达毫瓦量级。将多个半导体激光单管排在一起做成阵列，使各管的发光相干叠加，能输出很高功率的激光。这种半导体激光阵列，现在已商品化，能输出几瓦、几十瓦或上百瓦的功率。而且，它体积小，质量轻，但光束发散角大，故常常用它作为泵浦源，泵

半导体激光器泵浦的 Nd：YAG 激光二倍频激光器

浦其他激光材料以获得更好的输出特性。用半导体激光器列阵泵浦的固

体激光器也可做得很小，如上图是一个手持式半导体二极管激光泵浦的

Nd:YAG 二倍频激光器。

六

自由电子激光器

前面讲的都是原子、分子或离子中的电子受激跃迁，电子的能量从高到低改变而产生激光的，这些电子因被束缚在原子或分子内的轨道上，不能自由地运动，而称为束缚电子。当电子到了金属导体或真空中，就可以自由地运动了，但要使它按照人的意志行动，就必须借助于电场或磁场。

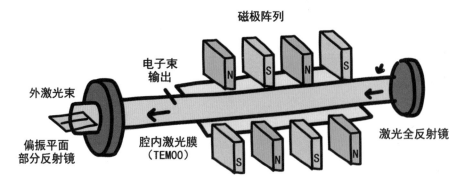

自由电子激光器的结构示意图

自由电子激光器是利用自由电子在真空磁场中的周期性摆动来产生激光的，上页图是一个自由电子激光器的结构示意图。自由电子通过由很多对极性彼此相反的磁铁组成的交变磁场，磁场的周期取决于这些磁铁的大小与间距。电子通过其间做周期性摆动而发光（见下图）。发射激光的波长由交变磁场的周期及入射电子的能量决定。因此，改变交变磁场的周期或入射电子的能量就可以改变输出激光的波长。

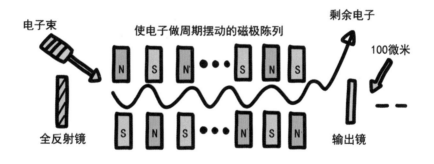

自由电子激光器工作原理图

原则上说，自由电子激光器的输出波长可以在微米到真空紫外甚至X射线很宽的波段内变化。但目前运转的自由电子激光器，波长大都在

亚毫米到近红外的长波波段。因为，要缩短波长，就必须缩短交变磁场的周期或增大电子的能量。显然，要缩短交变磁场的周期就要变换磁铁，这是不方便的、有限的，而改变电子的能量更方便有效，但要增大自由电子的能量也不是轻而易举的。

自由电子激光器可连续工作，也可脉冲式工作，连续工作一般输出功率为几百瓦，脉冲工作时平均功率最高可达几兆瓦。可应用于材料科学、医学、表面科学、化学、生物及生命科学等。

X 射线激光器

X 射线大家都比较熟悉，肺部有了病，拔牙之前，跌了跤看看有没有骨折，等，都要用 X 光照一下，拍个片子，帮助医生了解内部情况以便正确治疗。这种 X 光，还只是自发辐射跃迁发光。如果是 X 射线激光，

它的用途将更大。

从下一章节的电磁波谱图可以知道，波长在 30 ～ 0.2 纳米之间的 X 射线称为软 X 射线，它与远真空紫外重叠。波长在 0.2 ～ 0.01 纳米之间的称硬 X 射线，再短就进入 γ 射线（波长在 0.12 纳米以下）区了。这么短的波长的激光不仅有极强的穿透力，而且有很高的强度和相干性，其威力可想而知。

早在 20 世纪六七十年代，人们就想把激光波长推向 X 射线波段。许

多科学家都在设想制造 X 射线激光的物理机制。由于 X 射线是原子内部壳层的电子跃迁产生的光子,其光子能量非常高,故必须有很强的泵浦源。又由于 X 射线穿透力很强,几乎很难找到能制作共振腔反射镜的材料。因此,虽然产生 X 射线激光的物理机制,早在 20 世纪 70 年代中期就提出来了,但真正看到 X 射线激光,却是 80 年代以后的事了。

1981 年,美国第一次在地下核试验中获得波长为 1.4 纳米的 X

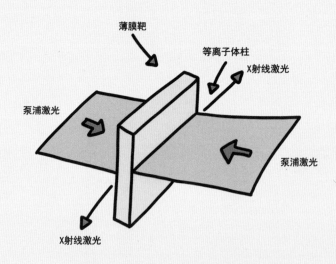

用两束线聚焦激光(泵浦激光)照射薄膜靶
产生 X 射线激光示意图

射线激光。1984 年，英国又在实验室中，利用当时世界上最大的脉冲激光器（波长 532 纳米，光强 5×10^{23} 瓦 / 厘米 ^{2}，脉宽 450 皮秒），从两边用泵浦激光，同时射向一个薄膜靶，得到了波长为 20.9 纳米和 20.6 纳米的软 X 射线光放大（见上页图）。因激光介质是一个薄膜，激光过程

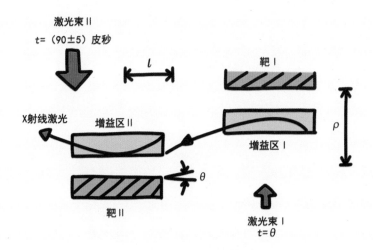

双靶对接原理示意图

就是薄膜靶烧穿膨胀过程，故只能维持很短时间。

我国采用双靶（厚靶）对接方案（见上图），使激光束 I 从一边打

到靶 I 上，当 X 射线激光穿过等离子增益区 I 快要偏离增益区时，马上进入由激光束 II 打到靶 II 上形成的增益区 II，使 X 射线激光向相反方向偏转，从而获得比较稳定和足够长的增益，所得到的激光是波长 23.2 纳米和 23.6 纳米的软 X 射线激光。以后，这种方案被英、法、日等国采用，并发展为四靶和多靶对接，均获得了很好的结果。

目前，最短的 X 射线波长已达到 4.483 纳米的水窗范围（因为水是吸收 X 射线的，只有在 4.4 纳米附近，水分子有个不吸收区，X 射线可顺利通过，损耗很小，故称水窗），由于生物细胞活性组织内均含有很多水分，因此这种波长的 X 射线激光对生物学、医学、生命科学的研究都有重要意义。人们已利用波长为 4.483 纳米的 X 射线激光，制成了 X 射线显微镜，并成功地得到了老鼠精子内核的图像，用于 DNA 在精子细胞内排列的研究。此外，X 射线激光还可作为探针，探测高温等离子内部情况，以及原子内壳层光电离等情况。在材料科学、微电子学、化学等方面也有广阔的应用前景。

第4章
激光是怎样诞生的

受激发射理论。

20 世纪初的预言——
爱因斯坦的受激发射理论

　　要问激光是怎样诞生的，还得从 20 世纪

初爱因斯坦的受激发射理论说起。大家都知

道：光具有波粒二象性，即光既有波动性又

有粒子性。

　　人们对于光的波动性认识较早，在 20 世纪以前，人们就已经知道光

波的本质与无线电波一样同属于电磁波，电磁波按波长排列就组成一个

长长的电磁波谱（见下页图）。它们的传播规律可用麦克斯韦方程组精

确描述。

　　人们对光的粒子性的认识是在 20 世纪初，当普朗克用辐射量子建立

的普朗克公式，极好地解释了黑体辐射的实验规律之后，光的粒子性才

得到了公认。此后，又建立了量子理论，使微观粒子的运动得以精确描述。

到 1917 年，20 世纪著名物理学家爱因斯坦在推导黑体辐射公式时，发现光和物质相互作用的时候，不仅存在吸收和自发辐射，而且还存在着受激辐射，他引入的自发辐射系数 A 和受激辐射系数 B，不仅能很好地推导出普朗克黑体辐射公式，而且将普朗克公式中的常数 C 与这两个系数 A 和 B，很好

γ射线　X射线　紫外线　红外线　微波　无线电波

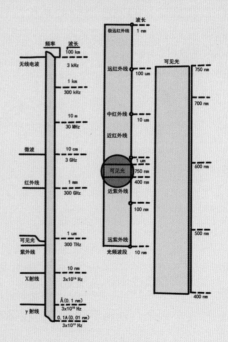

电磁波谱

地联系起来：$C = A/B = 8\pi h/\lambda^3$，其中$h$是普朗克常量。由此可见，波长$\lambda$越短的电磁波受激辐射系数$B$越小。光波波长比微波波长小5个数量级以上，故光波的受激辐射系数比微波的受激辐射系数要小15个数量级以上。显然，光波受激辐射比微波受激辐射实现起来更困难。这就是波长较长的微波激射器要比波长较短的光激射器更早地制作出来的原因。

科技发展的需求促使微波受激辐射
——微波量子放大器的诞生

虽然早在1917年爱因斯坦就提出了受激辐射概念，但由于当时的生产力及科学技术的发展还未达到一定的水平，物理学家们虽然知道也熟悉这一概念，且用实验证实过受激辐射的存在，但正如激光的奠基人之一——美国科学家肖洛所说："因为他们所受的严格教育，使他们认为

世界处于热平衡状态，或非常接近热平衡状态。在平衡状态时，无论温度多么高，低能态上的原子总比高能态上的多。因此，吸收总是超过受激辐射引起的负吸收。"

随着科技的发展，特别是第二次世界大战之后，微波技术迅速发展，许多从事微波研究的学者，已经在考虑微波受激发射的实验。

经过一段时间的努力，终于在 1954 年，由美国科学家汤斯领导的小组制成了世界上第一台微波激射器——氨分子微波激射器。汤斯回忆："主要因为我强烈希望获得一种短波长振荡器……我和我的学生

为了得到短波长，试过许多办法——磁控管谐波、相干切伦可夫辐射以及其他许多办法，绝大部分工作勉强，没有一个有希望像微波激射器那样能作短波长的良好光谱源……起初，我没有充分理解微波激射器作为低噪声放大器或精密时钟的潜力，但在高登和曾格尔从事微波激射器工作后不久，这两项应用使我兴趣大增。"在他的博士生高登和助手曾格尔的努力下，花了大约两年时间，他们制成了氨分子微波激射器（见下页图）。

他们使氨分子（NH_3）定向从分子束源扩散出来，使之通过聚焦器，将高能态与低能态的分子分开，从而选出高能态的分子进入谐振腔；谐振腔的频率是可调的，当调到氨分子共振频率时，系统就会产生反馈振荡放大，形成微波受激发射，其输出频率非常稳定。故当时曾想作为精密时钟。

无独有偶，与此同时在地球的另一边，苏联也有两位研究微波波谱及无线电物理的科学家，巴索夫和普罗霍洛夫于1954年也宣布了他们研制分子微波激射器成功。

为此，美国的汤斯与苏联的巴索夫和普罗霍洛夫共同获得并分享了

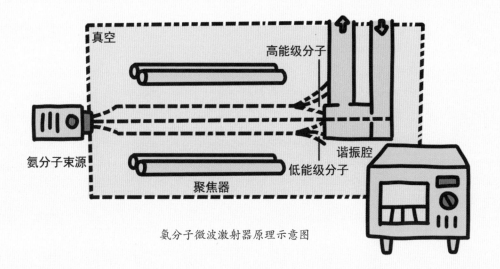

真空

高能级分子

氨分子束源

谐振腔

低能级分子

聚焦器

氨分子微波激射器原理示意图

1964 年的诺贝尔物理学奖。

微 波 激 射 器 MASER（Microwave Amplification by Stimulated Emission of Radiation——受激辐射微波放大器）的成功，使人们备受鼓舞，许多科学家纷纷考虑将其推向更短的光频波段。

把微波激射器推向光频——激光器诞生

1957年，还是那个汤斯和他的同胞古尔德，几乎同时独立地提出了光频受激辐射的具体设想。1958年，汤斯与肖洛（前面提过的）共同发表了《红外与可见光MASER》的文章，详细论述了光频微波激射器的构想。与此同时，苏联的巴索夫和普罗霍洛夫也提出了"实现三能级粒子布居数反转和半导体激光器"的建议。

在《红外与可见光MASER》这篇文章中，汤斯与肖洛不仅从理论上计算了三能级与四能级系统抽运所需受激粒子数目、实际系统可能满足的受激辐射阈值条件，而且提出用两块平行放置的平面镜构成F-P谐振腔，其中一块镜子应当是部分反射的，以输出振荡辐射，等等。如此详细的描述，使人们看到了实现光激射器的希望，光频受激辐射也成为实现光激射器路程上的又一里程碑。

此后，更多的人将兴趣转向光激射器。1959 年肖洛在第一届国际量子电子学会议上又具体提出：可以用暗红宝石（一种掺铬的三氧化二铝）作为激光材料，他本人也用此材料作激光器，但由于泵浦功率太小，未能成功。直到 1960 年，终于，一位年轻的美国人梅曼宣布，他制成了世界上第一台红宝石激光器！

下图就是梅曼所研制成的第一台红宝石激光器示意图，他用一个直

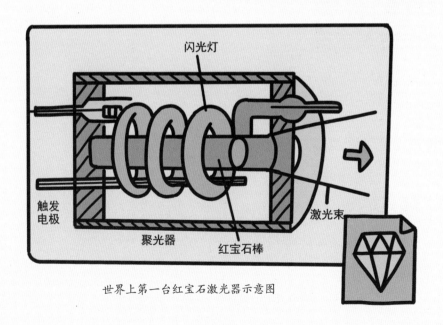

世界上第一台红宝石激光器示意图

径约 9.5 毫米、长约 19 毫米的红宝石棒，两端镀银，一端为半反射输出（见上页图中右方），螺旋状闪光灯环绕激光棒，外面再加一个聚光器。这样使光更有效地被红宝石棒吸收，由于增强了泵浦能力，他终于获得了成功。

开始，人们还不能相信，因为梅曼在当时还没有名气，以致他的第一台红宝石激光器成功运转的文章，竟被拒绝刊登。后来，他在一次记者招待会上宣布了这一消息，才引起轰动。

从此，激光技术成为一门新的学科，以飞快的速度发展起来。我国也于 1961 年，独立地制成了自己的第一台红宝石激光器。

激光的英文 Laser（就是将 MASER 中的 Microwave 改为 Light 的缩写），最初译成中文为"莱塞"或"雷射"等。后来，我国著名科学家钱学森建议用"激光"。从此这一更确切、更科学的中文名称为大家所公认并沿用下来。

第5章
激光与工农业

随着科学的发展，激光技术在工农业生产及医学等各个领域的广泛运用，使我们随时都在享受着激光技术给我们带来的成果，VCD、CD，激光手术，还有我们戴的手表和精致的宝石项链，等等。看来，我们是一天也离不开激光了！

激光钻头的妙用

没有激光时，人们要在宝石或金刚石上钻很小很小的孔，那是很费劲的。人们常用像头发丝那么细的钨丝做成钻头，夹带金刚砂粉末来钻孔。钻一个孔得花十几个小时，而且钻头极易磨损，成本高，效率低。有了激光后可就不同了。人们用激光聚成小到几百微米甚至几十微米的细束，

就可以轻而易举地钻小孔了。因为激光
的焦点具有很高的功率密度，可以将材
料迅速加热蒸发，甚至直接升华，将局
部材料去掉。激光钻头用起来既简单又
快速准确，现在，要在宝石或是脆性材
料上钻孔，非用激光钻头不可。

　　实际上，激光最早在工业上的应用，
就是在钟表轴承上打孔。激光钻头在小
小的钟表宝石轴承上打一个 150 微米的小洞，只要几分钟，比钨丝钻孔
快 100 多倍！此外，在拉制金属丝用的宝石模具上钻孔、在制造化学纤
维的不锈钢喷头上打孔，都使用激光了。

　　激光打孔不仅工效高，产品合格率也很高。从 60 微米到 1 毫米的孔，
激光打得既快又漂亮！现在，用激光在宝石、陶瓷、硅片以及钽、钨、
钼等硬而脆的材料上钻孔，已发展成为比较成熟的技术而被广泛运用。
常用于打孔的激光器有脉冲固体激光器、连续或脉冲二氧化碳激光器等。

巧用激光当刀剪

激光刀剪，其实与激光钻孔是一样的，只要将聚得很小的激光束，沿着一定的方向移动起来，就成了激光刀。它也是利用激光的热效应，当然还要用连续激光，而且功率要很高，如千瓦量级的二氧化碳激光器。右图就是一个激光切割钢板的示意图。由于激光所到之处，材料汽化蒸发，为避免蒸发物飞溅，污染激光聚焦镜头，故常在侧面用惰性气体或氮气（有时也用干燥空气）将切缝的蒸发物吹走，如图上的红箭头所示。

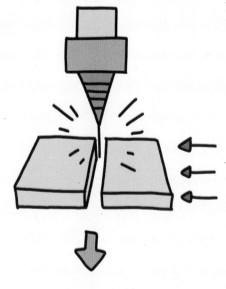

激光切割钢板示意图

用激光切割铁板的图样

　　激光刀既然能切割钢板，对于铝板、塑料、皮革、纸张、木材等更是不在话下。激光刀不仅能切直线，还能切出各种复杂的图案。利用电脑控制，可以像画笔画画一样那么简单地切割出各种美丽的图案，上图就是用激光在铁板上切割出的图案，上图（左）为3毫米厚、外径约为36厘米的圆形图案，上图（右）为2.5毫米厚、外形是86厘米×36厘米的扇面图案。激光刀还可以裁剪衣服，一次约可裁50套衣料。

　　用功率较小的激光刀还可以进行雕刻、打标及微细加工等。如在钢笔、铅笔上刻商标，在灯具、茶具、奖杯、奖章上刻名称、标记美丽的花纹图饰。用激光刀刻出的花纹深仅几十微米，粗细只有几微米，嵌入彩色十分漂亮。

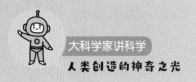

由于激光束很微细，还可以进行薄膜电阻的微调。将金属膜层用激光去掉几十微米，电阻就可增大一些，用这种方法可以调整电阻值，使其精确度达到万分之一。在两个金属膜之间开一个细槽就可构成电容。用激光开槽可精确地制出微型电容。要在一个小于1毫米的硅层上刻出集成电路来就更离不开微细的激光刀了。

激光刀还可用来作为医疗手术刀。动手术时，用激光刀切开人体的皮肤；或用激光刀切除肿瘤，切除黑痣；或钻掉蛀牙；等等都已为医院采用。由于激光的热效应，使切口处皮肤烧焦，还有止血作用，因此激光刀又称不流血的手术刀。

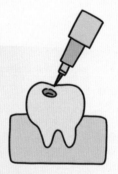

巧用激光线

激光线主要有两种用途：一是缝合裂缝，连接材料；二是作为标准直线用来准直、找直和找平。这就是激光焊接与激光准直。

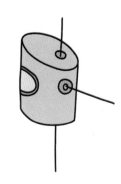

激光焊接，是靠激光的强大能量使金属迅速加热到熔点，将两块金属板熔接在一起。它不仅可以焊接各种钢材及钽、钛等高熔点金属，还可以焊接石英等非金属材料，更可以焊接塑料等低熔点材料。

激光还可以"缝合"微细血管，将两根血管用激光缝合在一起，比用肠衣做的线缝合还好、还快，又简化了消毒手续，减轻了病人痛苦，病人恢复起来也快。

但是要注意的是，用激光焊接材料，与用激光切割、裁剪或钻孔是不同的。用激光切割和打孔时，是要把材料打一个洞或分开来，把局部材料去除掉。这时激光可以很强，以致不仅使材料熔化蒸发，甚

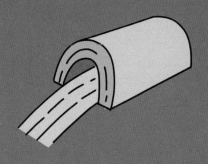

至可以直接使之升华跑掉。而焊接则不然，它只需使材料刚刚熔化，能粘接在一起就行了，千万不能将材料升华、蒸发掉，那样，两块材料就怎么也接不上了。因此，在用激光做焊接时，必须根据材料的种类和厚度小心地控制激光功率，不要太低（熔化不了），也不能太高（使之升华）。常用作焊接的激光器有钕玻璃激光器，掺钕 YAG 激光器或 CO_2 激光器等。

激光准直，就是用激光作为直线、铅垂线或准直线。由于激光有很好的方向性，因此作为直线是当之无愧的。

激光准直有许多用途，在建筑中，凡是需要找平或找直的地方，均可用激光束来作为直线标准，那比传统的墨线准确多了。沿着激光走直挖竖桩、挖隧洞等，也是非常方便的（见下页图）。

激光准直挖掘隧道示意图

用看不见的红外激光还可以在需要警戒的区域四周拉起警戒线。若有人穿过此"线",则光被遮挡,就会警铃大响,告诉主人有人越界了,这就是激光报警。一些图书馆、商场就用此法来防盗。

此外,在实验室中,要想将好多个光学平面调成平行,可用激光通过一个小孔,使激光分别射到这些平面上,只要由光学平面反射回来的光点,都重合在小孔上(或重合成一点),这些平面也就相互平行了(见下图)。实际上,大多数光学系统,都采用激光来准直了,最常做准直用的激光器是又便宜又轻巧且发出可见红光的 He-Ne 激光器。

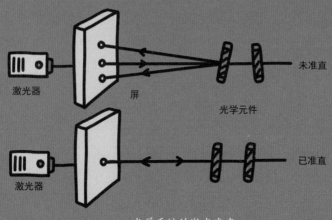

激光器　　　　屏　　　　　　未准直

　　　　　　　　　　　　光学元件

激光器　　　　　　　　　　　已准直

光学系统的激光准直

四

激光打印机是怎么打印的

现在，在有计算机的地方，有条件的都备有一台激光打印机。因为，

用它打出的文章、信件、书稿、工程图，以及建筑表现图都非常精美。

真可以说赛过印刷品。

激光打印机是怎么打印出精美的图文来的呢？让我们先来看看激光

激光打印机

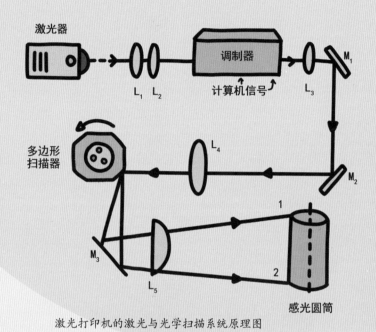

激光打印机的激光与光学扫描系统原理图

打印机的激光与光学扫描系统（见上图）。

　　激光器发出的光，经透镜系统 L_1、L_2 整形，通过调制器，被来自计算机的信号调制，即计算机中的文字或图形信息就加到激光上了。载有信息的激光，经透镜 L_3、反射镜 M_1 和 M_2、透镜 L_4 到达多边形扫描器上。多边形扫描器是一个由多个小平面反射镜组成的镜鼓。当它转动起来，就可以将激光点扫成一条直线。这扫描激光再经反射镜 M_3 反射，通过透

镜 L_5 进一步整形会聚成极圆、极小的光点，到达感光圆筒。每转过一个小镜子，光就从感光圆筒的一边扫到另一边，即从 1 到 2 扫过一行，这时感光圆筒也同时转动，就一行接一行地扫出文字和图形来。

下面，再看如何将文字和图形打印到纸上。当激光点到达感光

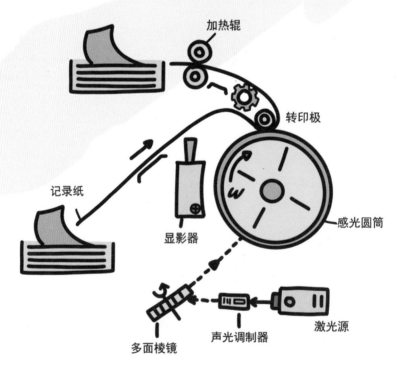

激光打印机中的打印系统原理图

圆筒时，激光打印机的打印系统，就会接着完成下面一系列的打印工作（见上页图）。

感光圆筒上面有一层光敏材料，当激光点打在上面时，那一层光敏材料就会感应带电。这样，激光在它上面扫出的文字或图形，就形成了带有静电的潜像（曝光）。这带电的潜像经过显影器时，就会将其中的墨粉吸附到感光圆筒上，形成带墨的影像（显影），再经过转印极时，就被印在记录纸上（转印）。当然，上面讲的只是最简单的曝光、显影和转印三个过程，实际系统要复杂得多，如还需定影、清洁等多道工序才能完成整个打印过程（这些工序的操作器件也分布在感光圆筒的周围，图中未画出来）。

近年来，随着半导体激光器的成熟和商品化，激光打印机大都采用小巧、耐用的半导体激光器了。

激光打印机使用起来十分方便，已逐渐成为人们的常用设备。

五

激光光盘是怎么回事

目前，小型可视光盘 VCD（Video Compact Disc）已进入千家万户。人们可以不出家门用 VCD 影碟机看电影或听音乐。小小的 CD 或 VCD 光盘给人们带来极大的乐趣和享受。此外，许多激光影院，也都是放映 VCD 的影院。VCD 光盘无论在制作还是放映时，都离不开激光器，因此，又叫激光光盘或激光影碟。

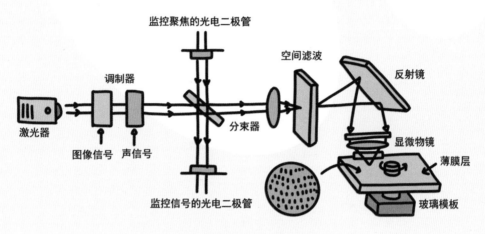

激光光盘制作的原理图

一张圆圆的、薄薄的、像镜子而又有彩色反光的 VCD 是怎样制作的呢？我们来看上图。由摄像机和录音机摄录下来的图像与声音，经转换成电信号并进行数字编码（即图上的图像信号与声信号），然后，送到调制器去调制激光器发出的载有声像信号的激光，大部分透过分束器，经空间滤波到达反射镜上，再经反射镜反射，显微物镜聚焦到达光盘模板表面的金属膜上，成为极细的（小于 1 微米）激光针，由于声像信号的控制，就会在金属膜上刻下深浅不一的凹槽。就像图中放大的圆圈中

所示，这些凹槽宽仅 0.5 微米，深不过 0.1 微米，在直径为 12 厘米的光盘上将记下几万个凹槽，光盘一边记录，一边转动，就成为一圈圈的条纹，大量的声像信息就被记录在这些条纹里，成为 VCD 光盘。用质地坚硬的金属盘制成的称为母盘。利用这种母盘，就可复制出大量的塑料 VCD 盘来。由于条纹细得我们眼睛分辨不出来，故只看到像镜面一样光滑的表面和五颜六色的干涉彩色。

当要复现 VCD 光盘上的音像时（也就是放像时），仍要用一束聚得像针尖大的激光，使其沿着转动的光盘慢慢扫过一条条凹槽，读取出上面

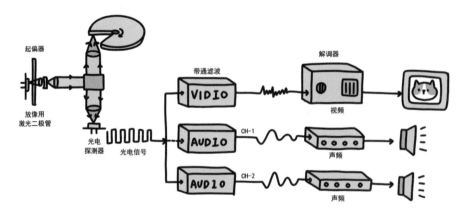

激光 CVD 的放映过程示意图

的声像信息，再将此载有信息的激光束，由光电探测器收集，转换成电信号，再经滤波与解调器，就可再现原来的声音和图像了（见上页）。

VCD 所用数字化编码、解码标准为 ISO/IEC11172 国际影音数字化压缩编码、解码标准（通常所称 MPEG-1 标准）。自从 1994 年 12 月推出 ISO/IEC13818 国际影音数字化压缩编码、解码标准（MPEG-2）以来，人们根据这一标准又制作出新一代 DVD（Digital Video Disc）激光光盘。因为这种 DVD 光盘所用的数码压缩标准比 VCD 所用标准高 2 ~ 2.5 倍的数码压缩率，在相同尺寸的光盘上可存储更多的音频和视频信息，压缩存储的信息包含更多更详尽的细微分量（当然，读取这些信息时的传输速率也相应要提高 2 ~ 2.5 倍）。因而，DVD 光盘比 VCD 光盘的音像质量就要提高很多倍。如用 VCD 放像，当画面出现快速和激烈变化的场面时，就会隐约出现"马赛克"现象，使图像清晰度变低。而 DVD 则不会有这种现象，不管画面变化多快，都能保持画面有高清晰度，且有高保真度的音质。

DVD 光盘与 VCD 光盘的外形尺寸相同，即外径 12 厘米（也有 8 厘

米的，但不多见也不常用），厚 1.2 毫米。但 VCD 只有单面单层一种结构，而 DVD 不仅有单面单层结构，还有单面双层、双面单层、双面双层共四种结构。仅就单面单层而言，DVD 的存储容量是 4.7GB（B 为比特，是信息容量的单位），播放时间为 135 分钟，而 VCD 的存储容量是 2.2GB，播放时间为 74 分钟。最多的双面双层 DVD 光盘信息存储容量可达 17GB，播放时间长达 484 分钟，即一张光盘可连续播放 8 个多小时。

作为 VCD 记录用的激光器，早期有 He-Ne 激光器（波长为 633 纳米）或氩（Ar⁺）激光器（波长为 514 纳米或 488 纳米）。现在，大都采用半导体激光器（波长为 780 纳米）。播放时，则用波长为 780 纳米或 680 纳米

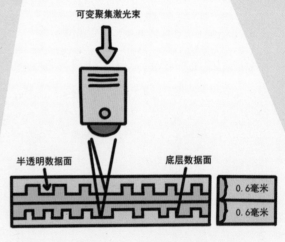

DVD 单面双层光盘剖面结构示意图

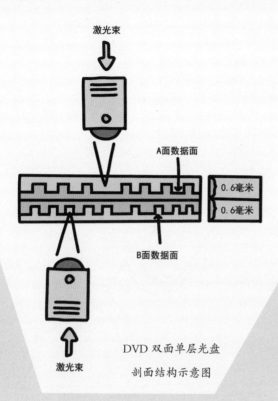

DVD 双面单层光盘

剖面结构示意图

的半导体激光器。而 DVD 光盘由于存储信息更密集，无论录制还是播放，都要用更短波长的激光作为载体。因为短波长能聚成更小的光点，从而记录和读出更小的信息。

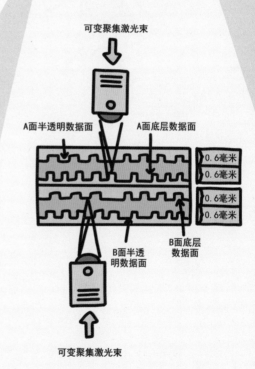

DVD 双面双层光盘剖面结构示意图

动漫中的激光大战

激光可以当尺用吗

尺子是日常生活中必不可少的用具，尺子是以什么为标准制造出来的呢？1960 年以前，全世界的尺子都是以法国的"米原器"为标准的。"米原器"是一根铂铱合金做的长条棒，上面有两条刻线，间距刚好 1 米。世界各国的尺子，都要定期与之比对、校准，其测量精度可达 10^{-6} 米。在当时，"米原器"是世界上最最标准的尺子了。

后来，人们发现，用光的波长作为尺子，比"米原器"更精确。于是，1960 年国际度量衡会议，就决定采用一种相对原子质量为 86 的氪原子灯发出的橙色光，其波长为 605.7 纳米，用这个波长的 1650763.73 倍作为 1 米的长度标准。在激光出现以前，氪 86 灯是最好的单色光源，用这个长度标准其测量精度可达 10^{-8} 米。

这个标准的制定，虽然与激光的出现在同一年，但激光本身还有个发展完善的过程。因此，到 1973 年激光才被推荐为长度标准。具体来说，就是用 He-Ne 激光的 632.8 纳米（用碘蒸气稳定）和 3.39 微米（用甲烷稳定）波长作为长度标准。

在 1983 年的国际计量大会上，正式通过了米的新定义，用有高度复现性和稳定性的 He-Ne 激光、Ar^+ 激光与染料激光的 5 条谱线［见下页表中（1）~（5）］作为长度基准。它们的复现性均在 10^{-11} 量级。波长的不确定度也达 10^{-11} 量级。

到了 1994 年的国际计量大会，又增加了 3 条谱线［下页表中（6）~（8）］。至此，可作为长度标准的激光谱线共有 8 条了。其复

现性也增加到 10^{-12} 量级。

这样，无论哪个国家，哪个地方，只要有其中的一条谱线，就可以制造出标准的米尺来。那么，如何用这些波长校验米尺呢？还记得前面第 008 页图吧，只要用第 008 页图所示的迈克尔逊干涉仪，用表中的一种激光作光源，然后，用光电探测器加上电子仪器，计数干涉条纹即可。

表　国际计量大会确认的长度基准谱线

（1）甲烷稳定的 He-Ne 激光	3.39 微米
（2）碘稳定的 He-Ne 激光	632.8 纳米
（3）碘稳定的 He-Ne 激光	612 纳米
（4）碘稳定的 Ar$^+$ 激光	514.5 纳米
（5）碘稳定的染料激光	576 纳米
（6）碘稳定的 He-Ne 激光	640 纳米
（7）碘稳定的 He-Ne 激光	543 纳米
（8）钙束稳定的染料激光	657 纳米

因为，当可移动反射镜 2 移动时，干涉条纹也移动，每移动一个干涉条纹，相当于走过二分之一波长。光的波长是微米的量级，用半个波长来计数米，这当然是个很大的数字，但用电子计数器来数，只需一眨眼的工夫就完成了，而且准确无误。20 世纪 60 年代人们就用这种方法测出 1 米长度，其精度达到 10^{-7} 米（即 1 米长的两条刻线间距离为 1.00000098 米）。

激光作为尺，不仅能测量几米距离的长度，还可以测几百米、几千米，甚至几十千米、几万千米的距离，正如前面所讲的，人们已利用激光测量了地球到月球的距离。

激光测量距离（简称激光测距），如果长度太长了，就不能用像测量米级长度那样的干涉仪了。作为米级长度的标准，需要很高的精度。而测量以千米计的距离，一来不需要那么高的精度，二来，那样的干涉仪只能在实验室里用，而且要放在防震台上才行。

远距离的激光测距方法主要有两类，一类是采用相位的方法，称相位测距。一类是采用脉冲的方法，称脉冲测距。

我们先来看相位测距。大家知道，相位是波的属性，与波长有密切

关系。相位相差 2π 弧度，长度就相距一个波长。因此，可以说相位测距也就是用波长来测距离。有人会问：用波长测距离，如果正好是波长的整数倍还好，如果不到一个波长，怎么办呢？这就要借助于相位了，该距离是波长的几分之几，只要用相位，一下就知道了。如波长是 1 米，

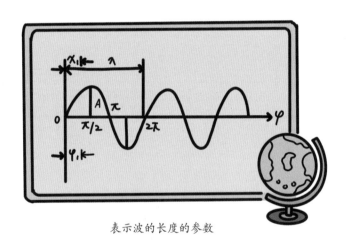

表示波的长度的参数

相位是 $\varphi = \dfrac{\pi}{2}$ 的长度，就是 $\dfrac{1}{4}$ 米（见上图），相位 $\varphi = \pi$ 的长度是 $\dfrac{1}{2}$ 米等。如果不是 π 的整数倍，则可用正弦波的公式：$y = A\sin\varphi$，由 φ 求出 y 再找出其对应的 x 值，就是所要求的长度（如图上的 φ_1 对应的长度为 x_1）。

前面不是说，计数光的半个波长的干涉法都不适用于长距离测量吗？怎么还要计算波长的几分之几？这不更复杂麻烦吗？实际上，相位测距所用波长不是光的波长，而是加在光波上的调制波长，像前面所述一样，光波也是作为载波。调制波的波长选多大，那就要看你要测的距离有多长和要求的测量精度有多高了。比如说，要测量1000米的距离，精度要求1厘米。就可依次选用100米（也就是调制频率3兆赫）、10米（调制频率30兆赫，以下类推）、1米、10厘米4个波长。先用最长的波长量，数出有几个波长，不够一个波长的部分，就用下一个短些的波长量，依次下去，每次数一位数字。最后，不够10厘米波长的部分，直接由测量相位的移相器将相位转换成读数，即最后一位数字，结果就是以厘米为单位的距离。所有这些测量，都是由电子线路来完成的。因此，很快就能测出距离。

脉冲测距是用光脉冲走过这段距离的时间来测量距离的。因为，光速是一个常量，且有距离 $L = ct$ 的关系式，其中 c 是光速，t 是时间，光速是常量，因此，光走过的时间知道了，距离也就知道了。脉冲测距原

理见下图。下页图是固体钕玻璃激光测距仪原理结构图。当激光脉冲从
测距仪发出时，先由下页图中的取样镜，取一点光给光电接收器接收，
转换成电脉冲（下图中的主波脉冲），通过电子线路触发一个门电路，
将计数器的"门"打开。这时，一串标准时标脉冲就进入计数器，计数器
开始计脉冲数。当激光脉冲由目标返回时，测距仪的光电接收器接收到返
回脉冲（回波脉冲）信号，这回波脉冲经过整形放大再触发门电路，就会
使门电路关闭。这时，计数器被关了门，也就停止了计数。这样，由主波
和回波脉冲之间的脉冲个数，就可以知道主波与回波之间的时间 t。

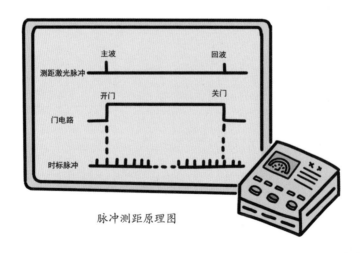

脉冲测距原理图

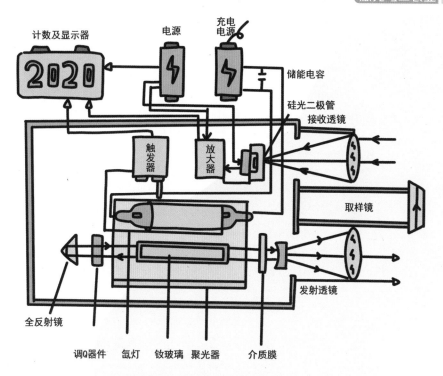

固体钕玻璃激光测距仪原理结构图

在实际测量中，只要选取时标脉冲的间隔等于光束来回走几米的时间，读出来的数值，就是用"米"来作单位的距离。比如，我们需要测量的精度是 ±5 米，那么，选择时标频率为 30 兆赫兹，一个脉冲间隔就相当 5 米。计数器是一五一十地计数，最后一位数字就只显示 5 或 0。这样，显示器上的数值，就是精度为 ±5 米的距离，如上页图所示。若精

度要达到 ±1 米，就要选用 150 兆赫兹的时标脉冲频率。计数器就一米一米地计数，显示器最后一位数字是从 0 到 9，全部数字就是精度为 1 米的距离。

显然，不管是相位测距还是脉冲测距，所测距离都是光到目标再回来的距离，因此都要除以 2，才是实际距离。这在制作测距仪时，当然都要考虑进去。

相位测距的优点是测量精度高，缺点是需要在所测目标上放一个后向反射镜，又叫合作目标。而且所用激光是连续发光的激光器。而脉冲测距就不需要合作目标。只靠目标本身反向散射的光就可以测距，但缺点是测量精度低。因为测量精度 ±1 米就要用 150 兆赫兹频率的计数器。若 ±1 厘米，就要用 15000 兆赫兹的计数器，这么高频率的电子元器件，目前制作起来还有很大困难。但人类总是不断前进的，现在人们已想出了更巧妙的、精度可以达到毫米的脉冲测距方法。当然其测量原理与制作都更加复杂，而且也需要合作目标才能达到足够的精度。（因为目标本身如果不平，其凹凸程度就大于 1 毫米，测量精度当然也就达不到 1

毫米了。）

　　激光测距仪已广泛用于各种测绘中，如地形测绘、地图测绘。用脉冲测距测量某座山的高度，就不需要爬到山顶，只要对准山顶的一块岩石，就可测出。再如要测山洞里洞顶到洞底的距离、各建筑物之间的距离等，均可采用激光测距。激光测距还特别适宜于高温或人体不宜接近的有害场所的距离测量。激光测距仪在军事上还有着不可替代的作用（后面还要详述）。因此，激光测距仪已成为一门兴旺的产业，产品遍布全世界，我国制造的激光测距仪也有许多已打入国际市场。下图是一种早期国产激光测距仪的外形图。

激光测距仪外形图

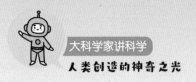

高重复频率的激光测距仪，又叫激光雷达。利用激光雷达，不仅可以测量人造地球卫星的轨迹、飞机飞行的高度，还可以测量云层高度，监测大气污染等。

用于激光测距的激光器，有 He-Ne 激光器、半导体激光器、二氧化碳激光器、钕玻璃激光器、掺钕 YAG 激光器、红宝石激光器等。这些激光器有连续工作的，也有脉冲工作的。连续光激光器主要用于相位测距，脉冲激光器主要用于脉冲测距。

激光能当标准时钟吗

当手表或时钟走不准时，大家都习惯以"北京时间"来校准。大家再往深处想想：1 秒钟有多久？又是谁规定了秒的标准？这就是下面要谈的问题。

早在激光出现前，微波激射器（MASER）出现时，这种以氨分子振荡为基础、非常稳定的频率就曾被当作频率标准（频标）使用，其线宽只有 5 赫兹，频率是 23870 兆赫兹，时间是 1 秒。因而曾经作为时间标准，又称氨分子钟，但它的准确度只能达到 10^{-10}。

后来又制成一种氢原子微波激射器，人们又曾经将其作为频率标准，称为氢原子钟，它的频率为 1420405751.768 赫兹 = $1.420405751768 \times 10^9$ 赫兹，其准确度可达到 10^{-12}。

当激光诞生之后，人们就致力于利用稳定频率的激光器作为光学频标，但因光波频率高达 10^{15} 赫兹，故直接测量频率是很困难的，必须利用已知的较低频率的多次谐波进行和差频。美国国家标准局的伊文森等人就曾用甲烷稳定的 He-Ne 激光 3.39 微米波长的频率：$88.3761816 \times 10^{12}$ 赫兹作为频标。激光的频率稳定性可达到较高水平，准确度可达到 $10^{-22} \sim 10^{-23}$，但可惜的是激光作为频标，其复现性及长时间运转的稳定性还不能满足更高的要求。

目前，世界上的频率标准是利用相对原子质量为 133 的铯原子基态的两个超精细能级之间跃迁所对应的微波辐射频率：9192631770 赫兹 $= 9.19263177 \times 10^9$ 赫兹作为频标，其精确度可达到 10^{-14}。

激光能改良品种吗

大家知道，好的品种才能使农作物有好的收成，品种的改良使米、面等更适合人们的口味，更易成熟，且可提高产量。但过去改良品种只有通过嫁接、杂交，往往要用几年时间才能得到一个好的品种。而激光育种是通过植物种子对激光的吸收，由于激光的热效应、压力效应及电磁场直接作用，使植物种子细胞内染色体产生变异，从而改变种子的遗传因素，培育出良种来。

　　早在 20 世纪 80 年代初，我国大部分省、市就开展了激光育种的工作，激光培育的水稻良种，每公顷可增产三四百千克，甚至上千千克。激光育出的油菜新品种，每公顷产量可提高 20%。激光育出的小麦新品种，可提早成熟 7 ~ 10 天。用激光照射过的家蚕和蓖麻蚕，生出的蚕宝宝，个个体大身胖，吐丝明显增多。用激光照射鸡蛋、鹌鹑蛋，均可提高孵化率。

　　在播种前，用激光对种子照射一下，会起到提早发芽和提高发芽率的效果。人们用红宝石激光器照射蚕豆、萝卜、南瓜等种子，可提前两天发芽和提高发芽率 20%。用 He-Ne 激光照射黄瓜种子，也可起到提前

激光育种

发芽和提高发芽率达 93.5% 的效果。上页图为激光育种示意图。

用激光照射已发芽的幼苗，可起到加快生长速度，促使早开花、多结果的作用。

激光还可以培育出微生物的新品种，比如霉菌。通常，我们都讨厌霉菌，它使吃的东西变质，穿的衣服变脏。但有些霉菌，在其新陈代谢时，能产生对人类有益的东西，如抗生素、酶制剂等，人类还需要大量生产和制造它们。用二氧化碳激光或半导体激光照射霉菌株，能提高酶制剂（如果胶酶）的产量达 3 倍之多。

用可见光 He-Ne 激光、氩离子激光或铜蒸气激光，照射放线菌，可提高其产生抗生素的有效组分及产量。照射真菌单细胞酵母菌，可改善啤酒的风味。

用紫外光氮分子激光照射谷氨酸杆菌，可使细胞活力增强，谷氨酸产量大幅度提高。

激光对微生物的作用是多方面的，人们正利用激光对微生物的作用，培育出对人类有益的高产优质新菌株。

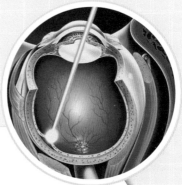

第6章
激光与医疗

现在，激光技术已普遍运用于医学诊断和治疗疾病，大家对激光手术已不再感到新奇，而激光手术刀在临床上已发挥独特的威力。

激光诊断

激光是怎样探测人体内的病变、发现癌细胞的呢？从科学上讲，激光诊断是利用激光诱发组织荧光与激光光敏化作用，来诊断病症的。具体来说，先让人体组织吸收某种光敏物质，再用激光照射，正常组织和有病变的组织对激光的荧光反应不同，这就可以知道人体是否患病了。下面，我们就看看激光是怎样发现癌细胞的。

先将一种叫血卟啉衍生物的光敏化剂注入人体内，人体的正常细胞会很快吸收它，并迅速将其排出体外，而癌细胞则不一样，它不仅会大量吸收血卟啉衍生物，而且还能让其停留 3 天以上。当我们用激光照射人体时，吸收了血卟啉衍生物的癌细胞就会发出红色荧光，正常组织细胞则不会发光。这不就知道哪里有癌细胞了吗？

通过激光诱发的荧光，还可以测量血液中的血糖、血氧、胆固醇及尿酸的含量，以此来诊断各种疾病。

用于诊断的激光器主要是氩离子激光器，它发出波长为 488 纳米和 514.5 纳米的蓝绿光，与血卟啉衍生物的红色荧光形成鲜明对照，极易发现病变。现在，科学家正在研制生物微腔激光器来诊断癌症，前景乐观。

激光治疗

如果经激光诊断发现癌细胞，我们可加大激光功率或延长照射时间，一举歼灭癌细胞！这是因为，存留在癌细胞内部的光敏化剂大量吸收激光能量后，会变成活性分子，与癌细胞分子起化学反应，产生单态氧，具有强氧化作用，能永久破坏癌细胞组织，从而杀死它们。这是早期癌症治疗的好方法，它是利用激光的光化学效应来治疗疾病，与激光手术是不同的。

此外，用激光治疗眼科疾病、切除肿块以及美容、理疗等，都已普遍运用。

1. 激光手术刀的威力

激光手术刀的威力可不小呢，它不仅能切除表皮的肿瘤，也能切除内脏肿块，修补内脏。激光手术，具有无血、无痛和无菌的特点，但伤口愈合比较慢。

利用比头发丝还细的石英光纤，还可以将激光导入血管甚至心脏，疏通阻塞的血管，修补血管壁，切除血管内肿瘤。这么高难度的介入手术，非激光刀不可！注意，只有波长在 300 ~ 2000 纳米的光，能用石英光纤来传导，而在这个波长范围以外的光，很难透过石英光纤。

运用激光刀除去人们脸上影响美观的病变，使脸部变得更美丽，这仅是激光美容的一部分。激光可以迅速准确地除去各种颜色的痣、胎记和色斑，还可以对付令人讨厌的酒糟鼻等病变，解除人们的烦恼。激光还能完成除皱、抚平眼袋、清除疤痕等美容手术。激光把治病、整形和美容有机地结合了起来。

2. 激光治眼病

激光治疗眼病是激光技术在医学上最早也是最成功的运用。大多数激光，特别是可见光范围内的激光，可直接穿过透明的眼球角膜、晶状

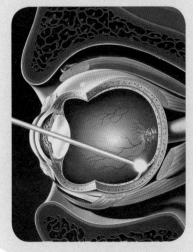
视网膜激光手术

体和玻璃体而到达眼底，并对它们无任何损害。故很早就被用来治疗各类眼底疾病，如视网膜脱离、眼底出血等。不用开刀取出眼球，只要将激光从瞳孔射入，就可以治好疾病，快速、安全又无痛苦。激光还可以治疗白内障、青光眼，甚至可以使盲人复明。

值得一提的是，20世纪80年代以来，用激光治疗近视眼，获得了很大的成功。1992年以来，我国不少城市和地区都引进了专治近视眼的PRK（PhotoRefractive Keratectomy——准分子激光角膜切削术）激光治疗机。

PRK手术是怎样治疗近视眼的呢？它是利用准分子激光（波长为193纳米）切削掉很薄的一层角膜，以改善眼球的曲率，达到治疗近视的目的。如下页图，近视是因为眼球内像凸透镜的晶状体太凸了，焦距太短，远处景物射来的平行光不能汇聚到视网膜上［见下页图（a）中实线相交

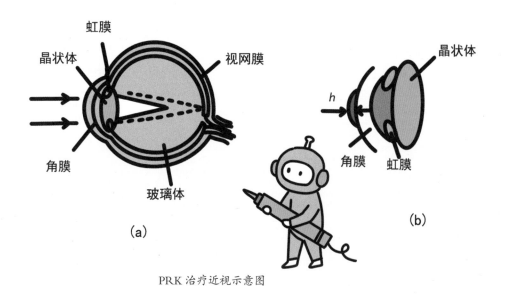

PRK 治疗近视示意图

点〕，以致视网膜上不能呈现清晰的图像，因而看不清远处的东西。用波长为 193 纳米的紫外光将晶状体外的角膜削掉一凹层〔见上图（b）〕，其中心厚度为 h，相当于在角膜上做一凹透镜镜片，这样远处物体射来的平行光就能汇聚到视网膜上，即在视网膜上能呈现清晰的图像，就可以看清远处的物体了。

治疗近视，为什么一定要用波长为 193 纳米的紫外光呢？原来，波长短于 400 纳米的光可直接破坏分子的化学键。波长越短，对激光作用

点周围组织的热损伤越小，可谓"指哪儿打哪儿"，可使切削部分的边缘十分清晰。如波长为 248 纳米的光，对周围组织的热损伤约为 2.5 微米，而波长为 193 纳米的光对周围组织的热损伤仅为 0.1~0.3 微米。目前，市场上出售的激光器中，193 纳米是波长最短的了。

还得注意的是，用激光治疗近视眼时，切削掉的部分，中心厚度 h 不得超过 50 微米。这样，激光在眼睛上的作用时间总共不超过 1 分钟，对周围组织的热损伤极小，患者几乎无痛苦。因此，PRK 手术治疗近视眼，十分安全可靠，很受欢迎。除此之外，用这种 PRK 方法还能治疗远视及散光。

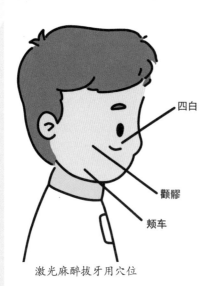

四白

颧髎

颊车

激光麻醉拔牙用穴位

3. 激光针灸及理疗

针灸是中医传统的治疗方法，是针刺和灸法的合称。针刺就是应用各种特制针具，扎入穴位以刺激经络来防治疾病；灸法主要是用艾叶等草药熏灼经络穴位，达到治病防病的效果。两种方法常常连用。而激光既可以针刺，又可以加温熏灼穴位，当针灸用。

用几毫瓦的 He-Ne 激光照射穴位，即可直接刺激穴位上的经络，并加温熏灼，就起到针和灸的双重作用，达到调节生理和治病的效果。

如果用较高功率的 He-Ne 或 CO_2 激光扩束后照射一定穴位，就可起到理疗作用。比如照射鼻梁附近的三角区，可治疗鼻炎、感冒；照射生冻疮的手脚，可促使冻疮结痂痊愈；而照射伤口，有缓解疼痛，促进伤口愈合的作用。

此外，激光代替针刺进行麻醉，不用打麻药、不用消毒而又无菌。拔过牙的人都知道，先别提打麻药时那一针有多疼，光消毒药水的怪味就够人受的！现在可好了，用激光麻醉，又快又省事，痛苦小多了。上页图为激光麻醉拔牙的几个参考穴位。

第7章
激光与信息

一

让光来传递信息——激光通信

传统的通信，分有线与无线。无线电通信，如电报或无线电话机，是利用微波段的电磁波在空间传送信息，有线电话或电视是利用电子在导线内传送信息。也就是说，是用电波或电子承载信息来传送的。电波传送的信息量，与载波的频率有密切关系，增加载波的频率，就增加了可使用的传送带宽，从而也增加了可传送的信息量。

从第 059 页图可以看出，无线电波频率为 3×10^9 赫兹以下，而光波一般为 3×10^{14} 赫兹。由此可见，光波比无线电波频率高 10^5 倍以上，其

信息容量也就大 10^5 倍以上。因此，用光波代替电波，用光子代替电子承载信息来传送，可以传送更多的信息。故激光诞生以后，人们就想到用它作为通信的光源。激光通信，也分有线与无线。无线光通信由大气传输，有线光通信由光纤光缆传输。

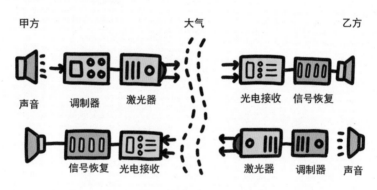

空间激光通信

由大气传输的无线光通信（见上图），有些类似激光测距，要通话的甲乙双方，各有一个激光发射系统和接收系统。只不过这里不是接收自己的反射波，而是接收对方的载有信号的激光。这种激光通信，比起微波无线电通信，好处是不易被干扰和窃听，保密性好，缺点是必须相

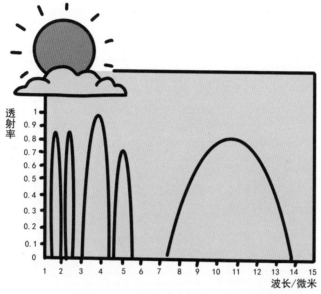

波长为1~15微米的辐射在晴朗大气中的主要透射带

大气对不同波长光的吸收

互对准，且中间不能被阻挡或遮断。而且遇到下雨，有云、雾、烟尘、风沙等，均会影响传输，严重时，会使通信中断。就是在空气中传输，有些波长也会被吸收，上图表示出大气对各种波长的透射率。因此，用于光通信的波长，其大气透射率要高于0.8。故所采用的激光器多为发射近红外光，如波长为1.5微米的半导体激光器和发射中红外光、波长为10.6微米的二氧化碳激光器。这种无线光通信，特别适合于大气层外的卫星和空间站之间的通信联系。

　　激光传输有线光通信，由光纤、光缆传送，可以不受天气的干扰。但光纤传输光也有损耗，故在传输几十千米或上百千米之后，要设一个"加油站"，即中继放大器，也称中继站。随着光纤制造工艺的不断改进，光纤损耗不断减小，现在传输 200 千米，才需设一个中继站，这就为更长距离的光通信创造了条件。

　　由于激光极好的单色性，加上传输光纤的带宽很宽，因而在一根光纤中可同时传送多路信息，即分别载有一定信息量的不同波长的光载波，可同时用一根光纤来传输。这种方式的光纤通信系统，称为多波复用系统或波分复用系统，简称 WDM（Wavelength Division Multiplexing）系统。更形象地说，一根头发丝粗细的光纤，可同时传输一百亿路电话、一亿路可视电话或一千万路电视，足可承担现今世界全部通信量。

　　光纤通信系统是由哪些部件构成的呢？它主要由发射机（包括激光器、驱动电源及调制器）、光纤光缆（由多根光纤组成）、中继放大器（多用掺铒光纤放大器）以及接收器（包括预放及功率放大器、解调制器、信号恢复等）（见下页图）。

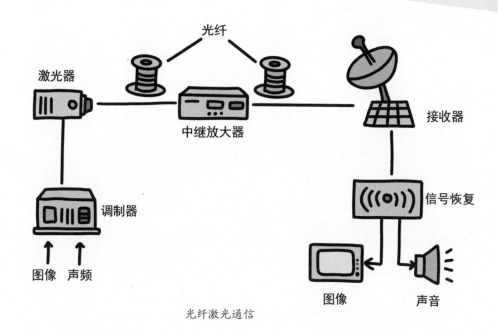

光纤激光通信

现在所用通信光纤，大多为二氧化硅（SiO_2）基的石英光纤，这种光纤对波长为 1.32 微米附近的光，有最小群色散（会引起信号畸变），对波长为 1.55 微米左右的光，有最小损耗。因此，用于激光光纤通信的光源，一般都采用以上两种波长的半导体激光器。

激光通信，为人类通信事业的发展做出了巨大贡献！

激光全息

激光全息用通俗的话讲就是激光照相。在生活中最常见的激光照片，即激光全息图，要算各色防伪商标了。它与传统照片有什么不同呢？传统的照片不管底片或正片（相片），片子上面均有实物的影像，即实物的平面图像。而我们要说的全息图像却不然。全息底片上没有一点实物的影子，只有一些各种形状的条纹。但是，用激光从一定的角度照射后，你会通过底片看到真实的物体，就像通过窗口向外看东西一样，不仅是立体的，而且当你观看的角度改变时，你还能看到刚才躲在物体后面的东西。

为什么从全息底片能看到如此真实的立体像呢？这是因为全息图是用光的全部信息来记录的。全息图的英文为 Holography，来源于希腊语，意思是完全记录。也可以说是完全的信息记录，普通照相只是利用光的强弱，即光的振幅来记录景物。而全息照相不仅用光的振幅，同时还要用光的相位来记录。因为，从物体反射的光的波前，到达人眼或底片时并不都恰好是在振幅最大处。如：到达人眼的波前相位是 π/4，它的振动高度就只有振幅 A 的 0.7（见第 090 页图）。故要想使记录和再现的光波与原来物体发出的完全一样，就需要将物体所发光的波前（包括振幅与相位）记录下来。

全息照相，就是记录与再现波前的技术。全息底片上记录的是波前的干涉图，故都是一些干涉条纹。它是如何拍摄的呢？让我们来看右图。将经过扩束的平行激光分成两部分，一部分射到被摄物体

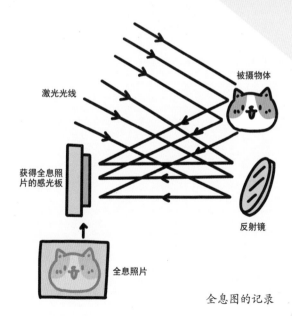

被摄物体

激光光线

获得全息照片的感光板

反射镜

全息照片

全息图的记录

117

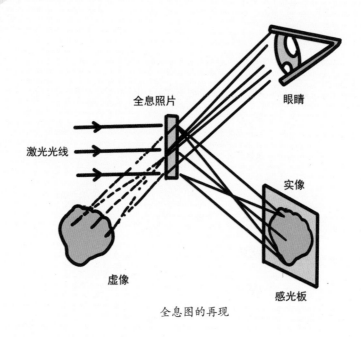

全息照片　眼睛

激光光线

实像

虚像　感光板

全息图的再现

上，作照明光，另一部分经反射镜反射，作参考光。由物体反射的物光，

与由反射镜反射的参考光，一同到达底片上，产生相干叠加，形成干涉

条纹。因参考光是平面波，波前上各点的相位都一样，它作为一个标尺，

把物光的波前信息，以干涉条纹的形式记录下来。

要想再现原来物体的图像，只要再用激光照明全息照片就可看到原

来物体的立体图像（虚像）了。因照射光是平面波，被全息底片衍射后，

到达眼睛的波前与原来物体发出的波前完全一样，故好像原物体又回到了底片后面原来的位置。像通过窗口看真实物体一样，只要头动一下，物体的相对位置也会有所变动。

在全息照片的另一侧，与虚像对称的地方，用一个屏幕或感光板，可以看到或拍摄到物体的实像。与眼睛看到的像一样，当感光板变换一下角度时，就可拍摄下不同相对位置的物体的像了。

由于全息图是利用光的相干性来制作的，故要用相干长度比较长的激光，即相干性很好的激光作光源，如单模的 He-Ne、Ar$^+$、红宝石激光器等。可以用连续光，也可以用脉冲光。用连续光制作时，在曝光的时间内，记录全息图的所有仪器及光学元件的相对位置，均不能有丝毫变动。因为，只要有半个波长的移动，干涉条纹就全乱了，再现像也就不清楚了。因此，在连续曝光时，所有东西都要放在防震台上。此外，记录用的底片，也要有较高的分辨率，才能记录下密集的干涉条纹。

全息底片有许多与普通底片不同而有趣的性质：

（1）全息底片上，只有一些直线、曲线或圆形的干涉条纹，与原来

的物体没有丝毫共同之处。要想看物体，必须用激光来再现物体的图像，而且要从一定的角度去照明和观看。

（2）用不同波长的激光来照明底片，再现的物像会被放大或缩小。

（3）将全息照片打破后，每一小块，即底片上的每一小部分，都能再现物体的整个图像。只是明亮度和清晰度会差一些。

（4）在全息底片上，可以同时记录多幅图像。通过改变参考光、物光及底片三者相互之间的夹角，可同时记录相互独立的多组干涉条纹。观看时用不同角度入射的参考光照明，就可独立地看到每一幅三维立体图像。

改变参考光、物光及全息底片的相对位置，可以得到不同种类的全息图。如：物体靠近底片，可得到费涅尔全息图；物体远离底片或将物体放在一个透镜的焦平面上，使物光成为多组平行光，可得到夫琅和费全息图，又称傅立叶变换全息图。这种全息图，用不同波长的激光再现时，放大和缩小的图像不产生像差。此外，还有反射全息、透射全息、平面全息、体积全息、吸收全息与相位全息等，这里不一一细述了。

值得一提的是，生活中常见的白光全息图（或称彩虹全息图）。

如果制作时，将参考光与物光成 180° 夹角射到记录介质上，如下

图，即参考光与物光从相对方向照射记录介质，所得到的全息图，称为

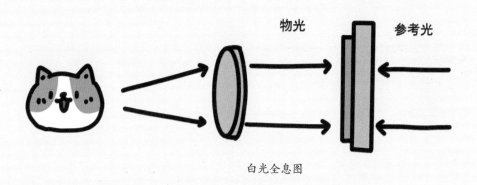

白光全息图

反射全息。再现时，观察者与照明光在全息图的同一侧。而如果用红、

绿、蓝三基色激光作参考光，拍摄出的全息图就是白光全息图。它可以

用白光再现，也就是说，不用激光器，在普通的灯光和日光下，就可以

观看这种全息图。它的外观像一层薄薄的银膜，上面隐约可见物体图像，

但只有从某一角度看去，才能看到清晰的彩色图像，不同角度的像的色

彩也不同。它不再具有上面所述全息底片的某些特点。

这种白光全息图，现在被大量用于制作防伪商标，在许多商品上可以看到。

用于拍摄白光全息图的激光器，大多为可见光激光器，且要有构成白光的三基色：红、黄、蓝或红、绿、蓝。常用的有：He-Ne 激光器（632.8纳米、红），氩激光器（488纳米、绿，514.5纳米、蓝），氪离子激光器（647.1纳米、红，568.2纳米、黄，520.8纳米、绿，476.2纳米、蓝）及 He-Cd激光器（636纳米、红，533.7纳米和537.8纳米、绿，441.6纳米、蓝紫）等，后两者又称为白光激光器。脉冲全息光源常用的是红宝石激光器（694.3纳米、红）和脉冲 Nd：YAG激光器的倍频光（532纳米、绿）。

全息图除了做防伪商标外，还有很多用途。如用于全息干涉计量（测量微小形变、测量振动、无损探伤）、全息显微像、全息存储等。这里只简单介绍一下全息干涉计量和全息存储。

全息干涉计量，是先拍一张无形变的物体全息图，冲洗后，将底片放回原处，使物体、参考光和全息底片的位置与拍摄时完全一样。然后，在物体上加压，使物体发生微小形变，这时，从全息图中看到的物体上，就会出现许多干涉条纹，这些干涉条纹的间距，就反映了形变的大小。用这种方法，可以测量齿轮、轴承、汽缸、螺旋桨及轮胎等的应力、应变，检验机械零件内部有无砂眼或缺损，这就是无损探伤。还可测量物体或薄膜的振动位移，测量气流的密度、温度等动态过程。若用二次曝光法拍摄全息图，一次物体上不加应力，一次在物体上加应力或是加热，这样拍摄的

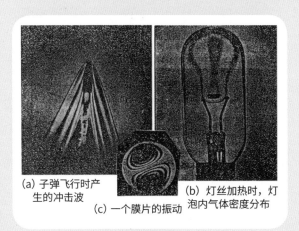

(a) 子弹飞行时产生的冲击波

(b) 灯丝加热时，灯泡内气体密度分布

(c) 一个膜片的振动

二次曝光获得的全息干涉图

全息图，不需将底片再放回原处，即可看到物体上呈现的干涉条纹，上页图就是几张二次曝光的全息干涉图。图（a）是一颗子弹高速飞行产生的冲击波，第一次曝光是在子弹发射之前进行的，第二次曝光是当子弹刚好进入视野时进行的。周围的空气受到扰动产生干涉条纹。这里记录光源用的是 Q 开关红宝石激光器。图（b）是一个灯泡的二次曝光全息图，第一次曝光灯丝是冷的，第二次曝光灯丝是热的。图（c）是一个膜片的振动干涉图。

全息存储有两种形式。一种是前面所说，在一张底片上，可存储许多不同角度入射的参考光与物光的信息图像，即可存储许多信息。这种全息图又叫体积全息存储。另一种是将每种信息图缩小，在底片上只占有 1 毫米左右的一个点，这种全息图又叫平面全息存储。在一张 60 毫米 × 60 毫米的全息底片上，就能容纳直径为 1.2 毫米的全息图约 1600 幅。每幅均不相同，构成一个矩阵。这种全息存储用于光计算机中，作为光存储器，用激光存储与读取进行模拟计算的光学处理器，是光计算机中的重要部件。

用光脑代替电脑——光计算机

当今，电脑已是家喻户晓，几乎成为家庭常用电器之一。而其更新换代发展之快，常使人们瞠目结舌。但科学总是不断发展的，速度更快的计算机虽不断问世，还是满足不了需要。电脑处理信息的速度由于电子线路的限制，已经快到极限了。进一步的发展就要用到光脑——光计算机了。

光计算机就是用光学的办法来实现电子计算机的主要功能，如存取与运算等数字处理功能。存储容量越大，读取和运算速度越快，计算机越先进。就像人脑的记忆本领越大，反应越快，人越聪明一样。

光计算机的存储容量及运算速度，均可大大超过电子计算机。例如：电子计算机中的二进制编码，采用高低电平代表"1"和"0"，有4个这样的高低电平，如：0110、0001……就可以组成16种不同信号。利用光

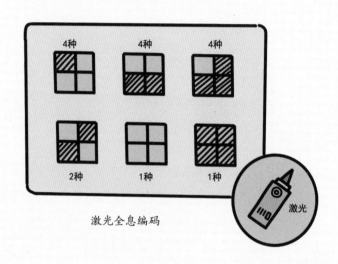

激光全息编码

表示这种编码，就可采用透光与不透光来代表（见上图）。这里不透光（黑）为"0"，透光（白）为"1"，图中上面3种编码每个可组成4种信号，下面左边的编码可组成2种，右边的2种编码各为1种信号，这种空间图形编码总共也可组成16种信号。

这些图形，可以像前面所说，缩小后存储在全息图上，就是光学全息存储。下页图是激光全息数据存储与读出示意图。再利用透镜、光学偏转器、解码掩膜等进行光学处理及运算，就构成光学数字处理器。因为这种空间图形的光学存储，可以"并行"处理，比起电脑中电子线路的"串行"处理，要快 1000 ~ 10000 倍，存储容量也要大 1000 倍以上。因此，光计算机有着非常诱人的前景。显然，光计算机也离不开半导体激光器。

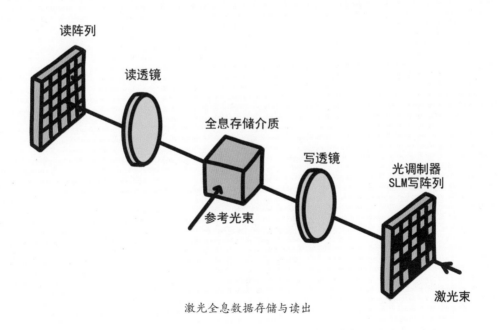

激光全息数据存储与读出

第8章
激光与军事

激光杀伤武器

用光做武器，是人类早年的梦想之一。相传公元前，古希腊科学家阿基米德，曾想用凸透镜将太阳光会聚，烧毁进犯的罗马船只。据说，18 世纪法国真的制造了一个总面积达 5 平方米的会聚反光镜，会聚太阳光，点燃了 40 多米远处的木板。

激光的问世使人类用光做武器的梦想成为现实。由于激光武器的杀伤力很强，在军事上用途很广，因此被人称为"死光"。20世纪60年代，发达国家就开始研制激光武器，70年代取得成功。80年代初，美国提出的"星球大战计划"实质上就是一个高能激光武器系统的研制计划。

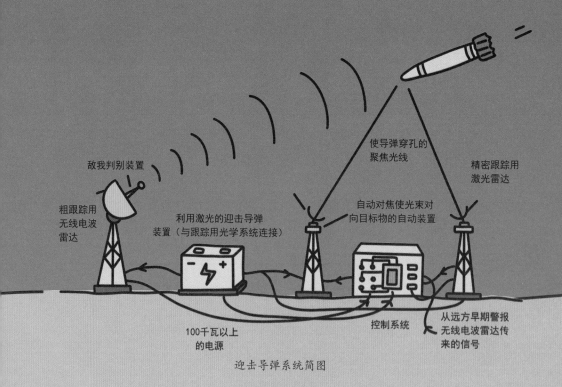

迎击导弹系统简图

　　高能激光武器主要由激光器、精密瞄准跟踪系统和光束控制与发射系统组成。激光器是武器核心，要能摧毁目标，其平均功率要求至少在 2 万瓦或脉冲能量达 3 万焦耳以上。用作杀伤武器的激光器主要有化学激光武器，如氟化氘 DF、氟化氢 HF 和氧碘 COIL 等；还有自由电子、二氧化碳气动、X 射线和准分子（氟化氪 KrF 和氟化氙 XeF）激光武器等。精密瞄准跟踪系统主要用来跟踪目标，引导光束准确射击，其精度与速度要求很高。这个系统主要有红外、电视和激光雷达等光学瞄准跟踪设备。光束控制与发射系统要保证激光束的定向发射，并克服大气等外在因素的影响，将高能量的激光束聚焦到目标上，达到彻底摧毁目标的目的。这一系统的主要部件是耐激光辐射、反射率很高的大型反光镜。目前，国外正在研制直径达 4 米的反射镜，并制造能克服大气影响的自适应光学系统。

　　激光武器多种多样，按用途可分两大类：战术激光武器与战略激光武器。战术激光武器多用于近程战斗，其打击距离在几千米到 20 千米之间，多半部署在地面、坦克、车辆、飞机和军舰上，以对付敌方坦克、车辆、

舰艇、飞机和战术导弹。战略激光武器一般部署在距地球 1000 千米的太空中，用于远程战斗，数千千米内的目标都在它的打击范围内。它主要用于破坏轨道上运行的卫星、拦截洲际导弹等。现在，美国、俄罗斯已设立一个新兵种——天军，即专门在大气层外作战的部队。预想的天军基地是航天母舰，其配备的高能武器主要是激光武器。因为太空已不存在大气层，激光武器不受大气干扰，其战斗力大大增强，可谓所向无敌。

激光武器威力很大，是因为它身怀三大"绝技"：烧蚀效应、激波效应和辐射效应。当目标被激光射中后，会聚在目标上的激光能量迅速转化为热能，目标表面汽化并凹陷或穿孔；同时由于外热内冷，引发目标爆炸，这就是烧蚀效应。第二个绝技是激波效应。当目标汽化，蒸气向外喷射时，瞬间形成激波，产生强烈反射、反冲力，使目标材料断裂，对人员及设备造成杀伤或毁灭性破坏。第三个绝技是辐射效应。目标汽化时形成等离子云，它能产生强紫外线或 X 射线辐射，严重破坏目标内部结构，如电子元件、人员受辐射造成永久性损害。这比前二者破坏性更强。

与其他武器相比，激光武器还有六大优越性。一是速度快。激光武器发射的"光弹"以光速飞行，即 3.0×10^5 千米／秒，中短程飞行时间近于零，射击时根本不需要计算提前量，只要对准目标，就能弹无虚发。而用普通炮弹和导弹攻击目标时，必须根据目标飞行距离、速度、气温、风向等，算出提前量。二是命中率高。前面我们多次提到，激光单色性极好，其"光弹"的弹道是一条直线，根本用不着计算弹道，指哪打哪，百发百中。三是灵活轻便。激光武器发射的激光束几乎没有质量，只要携带武器本身就行。再者它可以机动灵活地改变射击方向，因为它射击时不会产生后坐力，是一种无惯性武器。有人计算过，激光束末端制导炮弹能百发百中，一枚可顶数百枚普通炮弹的威力，使神炮手望尘莫及。1 架携带精确制导导弹的飞机，能顶 20 架至 40 架携带普通炸弹的飞机，其优越性显而易见。四是激光武器无污染。因激光束对大气无任何污染，所发射的"光弹"对环境没有破坏性影响。五是效费比高。即制造激光武器时耗资很高，但使用起来比普通炮弹、导弹费用低多了。百万瓦级的氟化氘激光武器，每发射一次费用为 1000 ~ 2000 美金，与之同等效

力的炮弹或导弹一枚需几万或几十万美金。如美国"爱国者"防空导弹每枚 30 万～50 万美元，而便携式"毒刺"防空导弹每枚 2 万元。因此用激光武器很划算。最后一个优势是不受电磁干扰。敌方难以利用电磁手段避开激光武器的攻击。

激光武器在实战与实战演习中都展现了它的威力。美国 20 世纪 70 年代研制的红外化学激光器和"海石"光束定向器组成的激光武器，成功击落了亚音速飞行的无人驾驶靶机及 2.2 倍音速飞行的导弹。1983 年 7 月 25 日，美国波音 707 客机上的激光武器击毁了 A–7 型攻击机向它发射的 5 枚"响尾蛇"空对空导弹。在 20 世纪 90 年代海湾战争中，美国也多次成功使用激光武器。

激光武器虽然所向无敌，但一物降一物，它也有自身的弱点。一是射程太大，照射目标时功率降低，毁伤力减弱。二是受气象条件影响大，怕烟雾等。如越南战争中，美国用 20 枚激光制导炸弹，摧毁了越南 17 座桥梁。在空袭越南安富发电厂时，由于越军在电厂周围设置烟幕，致使美军投放的几十枚激光制导炸弹无一命中目标。

激光技术除直接用于制造
杀伤性武器外，在其他方面的
运用也很广泛。

激光技术在军事上的其他用途

1973 年，第四次中东战争中，一开始以色列被打得猝不及防。后来，以色列突入埃及军队后方，反败为胜。其中奥妙何在呢？原来，帮助以军摆脱困境的是美国"大鸟"侦察卫星。卫星上装有可见光和红外照相设备，利用激光测距和激光照相技术，准确拍摄了埃及军队的布防照片。以军根据这些照片，找到埃及军队的薄弱环节，一举突破，化险为夷。激光测距和照相技术，可立了大功呢。

激光测距、照相技术还运用在夜视技术装备中，使军队克服黑夜的障碍，夜行如白昼。这些夜视装备主要有主动式红外夜视仪、被动式微

光夜视仪和被动式热成像仪。

海湾战争中，多次拦截伊拉克"飞毛腿"导弹的美国DSP导弹预警卫星就装有红外探测系统，它能在30秒内测出"飞毛腿"导弹发射的红外信息，为美国提早预警，并多次成功拦截它们。它还能探测伊拉克飞机尾喷管的红外信息。也是在这次战争中，多国部队的空袭多是在夜间进行的，其中美国飞机上的"蓝盾"夜视系统起了决定性作用。此外，激光雷达系统中也少不了激光测距技术的运用。

激光技术在激光制导上也立下汗马功劳。用激光照射敌方目标并在导弹、炮弹上装上同样波长的接收器，激光就可以引导炮弹、导弹直冲目标，命中率几近百分之百。当然，所用光源是肉眼看不到的红外激光。

另外，激光无线通信在军事通信中也扮演着重要角色。它具有抗干扰、保密性好的特点，远距离通信也能保证通信质量。它使军事指挥中枢畅通无阻，是获取军事信息的主要渠道。

第9章
激光与生物及生命科学

激光技术在生物及生命科学的研究中已得到广泛运用，成为人类探究生命奥秘不可缺少的工具。我们简单地向大家介绍几项激光生物技术。

激光镊子和激光光钳

当你需要拿一个微小的东西（如肉皮上的毛）时，你会求助于镊子。的确，镊子可以帮助人们自如地夹起微小的东西，并放在你想要放的地方。但要夹住不停地运动着的微观粒子（如细胞），一般的镊子就帮不上忙了。这就要求助于激光了。

人们发现，将输出像第030页图中的单模激光束聚焦成很小的光点，射到微小粒子（如微生物或细胞）附近时，由于激光辐射压力的作用，微粒会被推向光束的焦点位置，并被固定在焦点上。就好像被激光牢牢地"抓住"一样。这时人们移动激光束，微粒就会被拖动。这时激光束就像一把镊子钳住了微粒。随后，就可以将其平移、推、拉、旋转，把它完好无损地放在你需要的位置上来观察和研究细胞的运动与繁殖情况。如活体生物微粒性状的观察，测定运动驱动力，观察染色体的运动和有丝分裂过程，判定细胞的衰老程度和病理变化等（见下图）。

用于激光光钳的激光器一般为连续小功率激光器，如 He-Ne 激光器（波长为 633 纳米）、Ar^+ 激光器（波长为 514 纳米）、连续 Nd：YAG 激光器（波长为 1060 纳米）等。功率一般为几十毫瓦，以不使细胞丧失活力为准。又由于生物细胞对红外光透明，故常用红外光。

当用激光光钳钳住一个细胞时，再用另一束较强的激光作为激光刀，

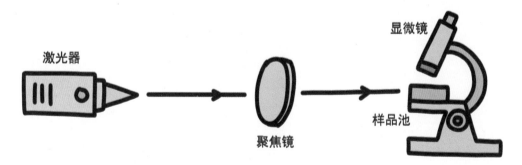

激光光钳示意图

就可对细胞进行外科手术。如：切下一小片 DNA 或细胞膜，看看细胞的功能会有什么变化；钳住某种基因，将其注入植物细胞内，起到基因传递作用；还可实现染色体的裁剪与重组。

人们设想，激光光钳与激光刀联合使用，可将基因切断，然后将切下的片段集中存储在一个微型盒子中，这样就可以有足够的基因，以便重组和重排，来改造生物体。激光光钳技术的发展，还可帮助完成"人类基因测序计划"。人类基因序列是十分复杂的，若能测出其排列顺序，绘制出细胞基因图，则重组和重排人类基因也将可能实现。

光学相干断层扫描技术

光学相干断层扫描技术，即光学相干层析技术，简称 OCT（Optical Coherence Tomography），是一种利用对激光强散射的物质（如生物体）

进行三维成像的技术。它利用灵敏度很高的外差探测技术，结合去除离焦的散射光使之不被探测器接收的技术，非常适合于对活体组织内部进行分层探测成像。目前最先进的 OCT 探测仪的装置，如下图所示。

这种装置使用近红外半导体激光器（波长为 850 纳米或 1300 纳米）作光源，用光纤及 50% 光纤耦合器组成的光纤迈克尔逊干涉仪进行探测。

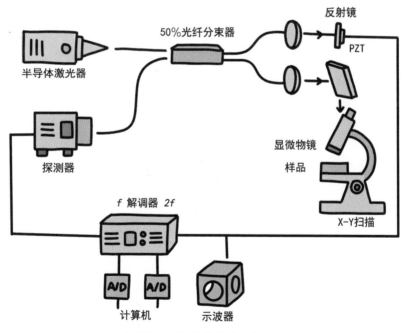

光学相干层析技术装置示意图

利用穿透程度较深的近红外激光加上样品台的扫描，就可获得组织内部的分层图像。可以在不破坏生物体的情况下观测其内部情况。其轴向空间分辨率可达 2 微米，探测深度可达 600 微米。

应用这种技术已成功地监测了植物胚芽发育过程中的形态变化、动物动脉血管和一些腔骨的微观结构。这种技术在植物育种、活体生物组织内部微结构的测量等方面都有重要应用。

近场光学显微镜

普通显微镜受照明光源衍射极限的限制，只能看到零点几微米（可见光波长量级）的大分子或微生物，再小的原子或细胞就看不到了。

若用小于波长尺度的微小光源或信号接收器，即将激光光源和探测器耦合入光纤，将光纤一端精心制作成微细的锥形光纤探针，用其扫过

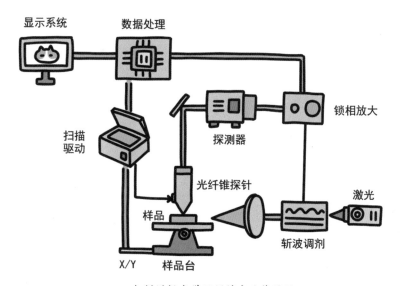

显示系统　数据处理

锁相放大

扫描
驱动

探测器

光纤锥探针

样品

激光

斩波调剂

X/Y　样品台

扫描近场光学显微镜实验装置图

样品薄膜，就可以得到分辨率突破衍射极限的图像。这就是扫描近场光学显微镜，简称SNOM（Scanning Near-field Optical Microscope），见上图，其分辨率可达几个纳米。所用激光源一般为 He-Ne 激光器或 Ar+ 激光器以及红光半导体激光器等可见光激光器。它们对生物样品的损伤极小。利用SNOM对生物结构的探测已取得令人瞩目的成果，如获得了豚鼠耳蜗毛细胞的近场图像、λ-噬菌体 DNA 的环形近场荧光图像等。

今后，这种SNOM技术将会在基因图谱、生物分子结构、生物膜结构与功能以及细胞内膜系统的研究中发挥重大作用。

生物微腔激光器

生物微腔激光器既是一种激光器，又是一种研究活体生物细胞的手段和方法，将一滴含有被研究细胞的液体放在半导体激光器的发光表面，上面再覆盖一片镀有反射膜的玻璃片，就构成了生物微腔激光器（见下图）。

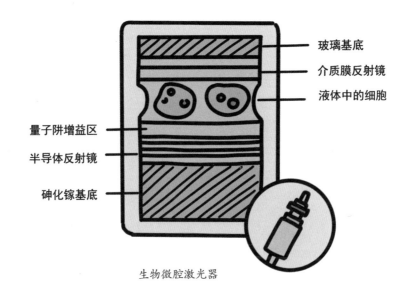

生物微腔激光器

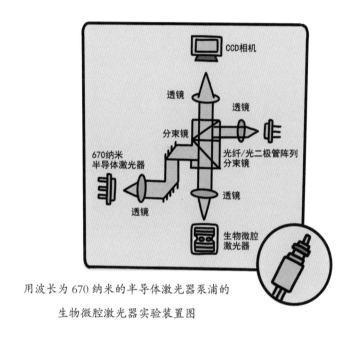

用波长为 670 纳米的半导体激光器泵浦的
生物微腔激光器实验装置图

实验装置如上图所示。因细胞置于激光共振腔中，当半导体被激发产生激光振荡时，光在腔内往返数百次后，由膜片耦合输出，这就相当于细胞被采样了数百次，细胞中的信息充分被激光发射带出，就可以由激光中的这些信息来识别细胞。由发射激光的脉冲形状、模式、空间分布以及收集到的荧光图像，就可以知道该细胞是属于哪一种，是正常细胞还

是癌细胞，或是免疫系统的淋巴细胞，等，因为每个细胞的信息都是不一样的，反映到这些脉冲形状、模式及荧光图像上也是各不相同的。

这种技术可以快速准确地考察单个细胞或大量细胞，因而，可用于探测人体免疫系统，定量地测出有病和正常血红细胞的形状、尺寸，辨认正常细胞和癌细胞，并可快速进行活细胞的药物试验，适时观察细胞对药物的反应，以决定药物的发展方向。同时也是一种很有前途的实时、快速的血液样品临床分析方法。人们设想：用这种方法，只要取一滴血，病人在办公室甚至在家里，就可以得到诊断结果。这种生物微腔激光器一般用波长为850纳米的半导体激光器来制作。目前，技术上还有一些难点，科学家们正在努力克服。

结束语

展望未来，激光将更好地为人类造福

前面所列举的激光的应用，只是生活中比较常见的一小部分。实际上，还有许多应用，如激光引发的核聚变、激光分离同位素等，限于篇幅，不能在这里详细介绍。

此外，由于激光的出现，派生出许多新的学科，如：激光全息学、激光光谱学、非线性光学、激光化学、激光生物学等。这些不属于本书介绍范围。

最后，再列举一些较新的激光及其应用技术，以展望未来。

激光微量分析，是利用激光来探测痕量气体，即存在百万分之一甚至十亿分之一的气体，都可测量出来。因为像二氧化碳、甲烷、一氧化碳、氮氧化物、硫化氢等气体对某些频率的光（一般是波长为微米量级的红外光）均有较强的吸收，要探测某种气体，就选择针对其吸收峰的激光（多用半导体激光器），测定通过气体后激光的衰减量，就可测出该气体的含量。这一方法在石油开采、大气污染监测、研究地球温室效应等方面有重要应用。

激光清洗技术，是利用激光照射物体表面，使物体吸收光能，产生瞬态加热，致使表面温度急剧升高而膨胀，这种膨胀使附着在物体表面的污染粒子以很大的加速度喷射出去，达到清洗的目的。所用激光器为脉冲工作的激光器，如脉冲 Nd: YAG 激光器、准分子激光器等。清洗时，要适当选择激光的波长与能量，还要选择脉冲的宽度才能达到预期效果。这种清洗技术，是一种无液体、无污染的清洗技术，最先被用于需超净工作环境的半导体微电子工业，但也可用于飞机或舰船表面的除锈，以及医疗器械、高压绝缘子、古董文物等的表面清洗。

塑料激光器，是用聚对苯撑乙烯（PPV）塑料大分子薄膜做成的固体激光器，这种激光器发射原理类似于半导体激光器，受激辐射是电子、空穴复合的结果，可用光激发，也可用电激发。其特点是发射波长通过分子设计可从紫外、可见光到红外范围变化，且成本低，便于制成二维阵列与电子器件集成等。

以激光为动力的光子火箭，也已试制成功，光子火箭发射升空可达30米。

实际上，新的技术层出不穷，不胜枚举，是这样一本小册子叙述不完的。但我们可以说，激光的不断发展，必将更好地为人类造福！